ONE WORLD *Or None*

원자 폭탄의 온전한 의미를 알리기 위한 대중 보고서

ONE WORLD
Or None

하나의 세계, 아니면 멸망

아인슈타인, 오펜하이머 외 15명 지음 • 박유진 옮김

인간희극

※일러두기

— 이 책의 인물, 사회, 정치, 과학에 관한 정보는 최초 출간년도인 1946년 당시 기준이다.

— 이 책이 처음 출간된 시대에는 오늘날과 달리 '핵(nucleus, nuclear)'보다는 '원자(atom, atomic)'란 표현을 주로 사용하였다. 따라서 원자 무기, 원자 폭발물, 원자 에너지 등등의 용어들이 사용되는데 '엄밀히 따지자면, 핵 에너지라고 표현해야 함'이라는 문장이 본문에 있으므로(53쪽), 시대적 표현에 맞추어 정확히 '핵'이라고 지칭되는 경우에만 '핵'으로 번역하였다.

— 저자들은 원자로를 주로 '파일(pile)'이라 칭하고 있다. 본문에 왜 '파일'이란 명칭이 생겼는지 이유를 설명하고 있으므로(65쪽), '원자로(reactor)'라는 단어가 사용되는 경우에만 '원자로'로 번역하고, 그 외에는 원문대로 '파일'이라고 표기하였다.

— 이 책에 나오는 거리, 무게, 면적에 대한 내용은 미국에서 사용되는 단위를 기준으로 하고 있다. 한국 독자들의 가독성을 높일 수 있을 경우에는 단위를 변경하였지만, '1제곱마일당 3백만 달러' 등과 같이 비율적인 측면을 언급하고 있어 단위 변경으로 수치가 어지러워질 뿐인 내용은 원서의 단위를 그대로 사용하였다.

— 저자명, 인물명, 지역명, 도서명, 기관명 등은 처음 등장할 때 내용의 이해를 위해 필요한 경우에만 원어를 병기하였다.

— 이 책의 각주는 100쪽을 제외하고는 모두 원서의 각주를 번역한 것이다. 역자의 코멘트는 가독성을 위해 본문의 괄호 안에 추가했다. 글자의 음영을 낮춰 회색으로 표시된 괄호가 역자의 것이고, 나머지 괄호들은 모두 원서의 내용을 번역한 것이다.

추천

by Arthur H. Compton

아서 H. 콤프턴, 세인트루이스 워싱턴대학교 총장은 우주선(宇宙線) 연구로 1927년에 노벨상을 수상하였다. 그리고 시카고에서 야금학 연구소(Metallurgical Laboratory)를 총괄하였는데, 그곳에서 발견된 지식들이 원자 프로젝트에 지대한 영향을 미쳤다.

인류가 원자탄을 보유하는 것은 시간문제였다. 과학과 기술이 전 세계적으로 성장할수록 인간은 세계라는 공동체 속에서 사회적 존재로 빠르게 진화하였다. 그러나 이러한 진화 과정에 원자 에너지가 등장하며 세계는 극적인 길로 진입하게 되었다. 이것은 바람직한 세상을 만들기 위하여 자연의 힘을 활용하고자 노력한 인간의 오랜 탐구 중 하나가 성공한 셈이었다.

그 어떠한 집단도 원자 시대의 도래를 막을 수는 없었다. 이 새로운 힘이 자유를 수호하기 위하여 맞서 싸우는 국가들의 수중에 먼저 들어

갈지, 아니면 원자력으로 무장하려는 집단의 손아귀에 먼저 쥐어질지, 둘 중 하나였다. 그 집단이 이 세계를 노예로 부릴 목적을 가진 적이라면 큰일이었다. 어차피 세상에 자연스럽게 등장할 원자 에너지였지만, 자위self-preservation라는 강력한 동기를 만나며 예상보다 시기가 일이십 년 앞당겨지게 되었다. 이로써 프로메테우스의 선물과도 같은 원자 에너지가 인류를 위해 슬기롭게 사용하려고 하는 국가들에 먼저 안겨졌다.

히로시마에서 굉장한 폭발이 일어났고, 이 세상에서 전쟁이 사라지지 않는 한 대재앙이 도사릴 수밖에 없단 점을 전 세계가 깨닫게 되었다. 기회만 닿으면 원자 에너지가 인간의 삶을 아주 윤택하게 변화시켜 줄 것이란 희망도 잠시, 극심한 공포심이 드리워졌다. 이제 우리 앞에는 길이 선명하게 두 개가 놓였는데, 사회라는 개념을 세계로 확장하여 두 번 다시는 전쟁이 발발하지 않도록 앞장서는 길과 자주 국가 방위라는 낡은 관습을 따름으로써 물리적 충돌로 다 같이 파멸에 이르는 길이다. 대충 윤곽만 보아서는 어떠한 선택을 해야 할지 명확히 보이지만, 그 윤곽을 채우는 방식은 많은 불분명한 요인들에 좌우된다. 그러므로 원자 에너지가 어떠한 장래성을 지니고 있는지 먼저 파악해야 한다. 새로운 산업을 위한 현명한 법률안을 통과시키거나 계획을 세우기에 앞서, 이러한 장래성을 반드시 먼저 점검해야 한다. 원자 에너지는 군사적으로 어떠한 역할을 할까? 인간의 일상 문제에 이를 활용하면 어떠한 장점을 누릴 수 있을까? 어떠한 실천 가능한 국제 협정을 맺어야 원자 세상이 안전하게 느껴질 수 있을까?

바로 이러한 문제들의 답을 헤아리기 위한 목적으로 이 서적이 등장하게 되었다. 기고자들은 원자핵의 문제점에 적극적으로 우려를 표하는 이들로 이루어져 있으며, 일부는 이미 아주 오래 전부터 문제를 제기해 왔다. 기술적인 측면의 문제들은 원자 에너지를 실용화하는 데에 한몫을 한 해당 분야 권위자들에 의하여 명료하게 설명되고 있다. 이 저자들은 원자 공학을 선도하는 사람들이다. 시작 단계부터 원자 폭탄 개발을 지켜보고 영향력을 직접 관찰한 이들은 원자 에너지의 군사적 실효성을 설명하고 있다. 그리고 이 문제를 수년 동안 고심해 온 이들은 원자 폭탄의 정치성을 논하고 있다.

원자 에너지를 국가적, 국제적으로 통제해야 한다는 제안은 그러한 시각을 가진 일부의 의견일 뿐, 이 도서를 만드는 데에 기여한 모든 이들의 견해를 대표하지는 않는다. 그러나 분명한 것은, 해당 분야에 전문 지식을 가진 이들의 성숙한 사고력으로 도출된 의견들이란 사실이다. 이 책을 통해 관련 쟁점들을 파악하고, 국권이나 여타의 것들이 일부 희생되어야만 하는 까닭을 독자들도 부디 이해할 수 있기를 바란다.

이 세계가 직면한 문제 중에 원자 에너지 통제보다 더 중대한 것은 없다. 이 서적이 슬기로운 해결책을 찾는 데에 길잡이가 되길 바라며, 그 해법을 통하여 인류가 평화를 지속시키고 삶을 진정으로 윤택하게 만드는 확실한 길을 찾을 수 있길 간절히 희망한다.

목차

■ 이 책의 편집자들

Dexter Masters

덱스터 마스터스는 제2차 세계 대전 당시 미 육군항공대의 비밀 간행물『레이더Radar』
의 편집자로 일했으며 미국 레이더 연구의 중심지인 매사추세츠 공과대학 방사선 연구소
(Radiation Laboratory)의 연구원이었다.

Katharine Way

캐서린 웨이는 시카고 대학교 야금학 연구소(Metallurgical Laboratory) 소속 핵물리학자이
다. 제2차 세계 대전 이전 테네시 대학교 물리학과 조교수였던 그녀는 1942년 맨해튼 프
로젝트에 참여하여 핸포드 플루토늄 플랜트(Hanford plutonium plant)와 관련된 이론적 문
제들을 해결하는 데 기여했다.

서문: 과학과 문명*

by Niels Bohr

닐스 보어는 핵 연구로 원자 시대 도래에 이바지한 인물로서 1922년, 서른일곱 살이라는 나이에 노벨상을 수상하였고 1943년에 나치를 피해 모국인 덴마크를 떠났다. 그리고 미국으로 넘어온 뒤 우라늄 프로젝트의 개발에 중대한 역할을 하였다. 현재 그는 덴마크로 돌아가 생활하고 있다.

원자핵 분열을 통한 방대한 양의 에너지 방출이 가능하다는 것은 인류의 자원이 진정으로 혁신되었단 뜻이지만, 물리 과학의 진보가 문명을 과연 어느 방향으로 인도하고 있는 것인지에 대해서는 모든 인간으로 하여금 의문을 품게 만들고 있다. 자연계의 힘을 통달할수록 인간의 삶은 윤택해지고 장래가 전도유망하지만, 무시무시한 파괴력이 인간의 코앞으로 다가와 생명을 위협하는 지경에 이르게 되었으니, 인간 사회가 이 난국을 스스로 바로잡지 않는 한, 우리는 위기에서 벗어날 수가 없다. 문명사회는 지금껏 경험해 보지 못한 위태로운 시험대에 오른 셈이다. 모두를 위협하고 있는 위험 요인을 방지하기 위한 협력과

---

* 이 글은 1945년도 8월 11일자 《런던 타임스_The London Times》에 기고된 성명서이다. 보어 교수와 특별히 상의하여 미국 내에서는 최초로 이 책에 실어 공개한다.

함께, 과학의 진보가 가져다준 무한한 기회를 다 같이 누릴 줄 아는 능력에 인류의 운명이 달렸다.

근본적으로 과학은 생존을 위한 투쟁 과정에서 쌓이는 경험이 조직화되는 것인데, 이 지식을 통해 우리의 선조들은 대지에 함께 거주하는 생명체들 중에서 인류를 단연 독보적인 현재 위치로 올려놓았다. 과학적 연구가 하나의 직업으로 자리잡고 노동을 분배할 정도로 고도로 분화된 공동체에서도 과학의 진보와 문명의 발전은 여전히 굉장히 밀접하게 얽혀있다. 물론, 지금도 필요성이 과학적 연구에 추동력으로 작용하고 있지만, 문명사회를 위한 위대하고 중대한 기술 개발은 원래는 우리의 지식을 확장하고 이해를 심화하기 위한 목적에서 비롯되었다는 점은 새삼 강조하지 않아도 누구나 다 아는 사실이다. 이러한 노력에는 국경이 없었기에 한 과학자가 자취를 남기고 떠난 후 종종 머나먼 지역의 다른 과학자가 그 뒤를 따라가곤 했다. 과학자들은 인간의 공통된 이상을 실현시키고자 노력하며 서로를 쭉 형제로 여겨왔다.

원자를 탐구한 대가로 첩첩난관에 봉착하였으니, 이제 과학의 영역에서 형제애는 그 어느 때보다 강조되어야 마땅하다. 원자가 물질의 기본 구성단위일 것이라는 사고의 뿌리는 고대 사상가들에게로 거슬러 올라가는데, 그들은 모든 가변성에도 불구하고 늘 존재하는 규칙성을 설명하기 위하여 그 근거를 탐구했었고, 이는 자연 현상 연구를 통해 현재 그 어느 때보다 더욱 명쾌하게 사실로 밝혀졌다. 르네상스 시대 이후로 과학은 아주 비옥한 시기에 접어들었으며, 원자론은 물리학과 화학에서 점차 제일 중요한 이론으로 거듭나게 되었다. 불과 반세기 전까지만 해도 원자의 존재를 직접 확인한다는 것은 하등한 인간으로서 당연히 역부족이라는 것이 정설로 받아들여졌는데, 최신 기술로 개량된 도구 덕으로 실험 수준이 높아지며 한계가 제거된 지금, 인간은 원자의 내부 구조까지 세세히 알아내게 되었다.

특히, 원자 질량이 대개 중심부인 핵에 집중되어 있다는 사실이 발견됨으로써 향후에 지대한 영향을 끼칠 힘이 입증되었다. 일반적인 물리적 힘에 노출되어도 화학 원소가 안정적인 이유는 원자핵의 불변성 때문이란 사실이 명백해졌으며, 어떠한 특수한 조건 속에서 핵분열이 일어나는지 연구하기 위한 분야가 새롭게 생겨났다. 또한 원소들이 변환하면서 화학 반응을 통해 그 특징과 격렬성이 근본적으로 바뀐다는 사실이 발견되었고, 이러한 연구에 박차를 가하며 원자 에너지를 대규모로 방출시킬 경우에로 관심이 모이게 되었다. 이는 수십 년에 걸쳐 달성한 진보였으며 무엇보다 효율적인 국제 협력의 공이 가장 컸다. 말하자면, 전 세계 물리학자 공동체가 하나의 팀으로 활약하였기에 각자의 개별적인 공로를 구분해내는 것은 그 어느 때보다도 더 어려웠다.

요즘 세상에서 벌어지고 있는 암울한 현실은 많은 이들로 하여금 소설에서 그려지는 섬뜩한 장면을 떠오르게 한다. 그러한 상상력에는 경의를 표하지만, 공상과 현재 우리가 직면한 실제 상황을 정확히 대조할 필요가 있다. 파멸을 일으키는 손쉬운 수단을 제공하는 주술과 달리, 현실에서는 파괴적인 폭발을 일으키기 위해서 핵분열을 활용해야 하고, 이를 위해서는 극도로 정교한 준비, 즉 지구상에서 발견되는 물질의 원자 구성에 중대한 변화를 주는 과정이 필요하다는 것은 과학적 통찰을 통해 명백히 밝혀진 사실이다. 오직 최고로 정교한 도구로만 감지될 수 있는 극도로 미세한 효과를 연구하며 쌓은 경험을 바탕으로 이 막대한 힘을 성취하는 데에는 극도의 집중력과 노력뿐만 아니라, 현대 산업을 웅장하게 개발시킬 잠재력을 가진 대규모 엔지니어링 프로젝트가 필요했다.

이로써 인간이 자기 자신을 보호하기 위하여 땅에서 가장 빨리 손에 잡히는 돌을 줍던 시대가 이미 오래 전에 끝난 것도 모자라, 국가가 국민에게 집단적으로 제공하는 안보 수준이 전적으로 불충분한 단계에 이르고 말았다. 아무래도 새롭게 등장한 이 파괴력에 대항할 수 있는 방법은 존재하지 않은 듯이 보이므로, 이 새로운 에너지원이 인류 전체에 일절 도움이 되지 않는 방향으로 악용되지 않도록 전 세계적인 협력이 필요하다. 이러한 목적을 달성하기 위한 국제적인 규제는 엄청난 위력을 가진 이 신무기를 제조하는 데에 들인 공로에 못지않은 막대한 노력이 뒷받침되어야만 한다. 적절하게 통제되지 않는 한, 관련된 모든 프로젝트는 재앙을 불러일으킬 잠재력을 가진 격이므로, 모든 과학적 정보에 대한 자유로운 접근과 국제적 감독이 승인되지 않는다면 효과적인 통제는 절대 불가능할 것이다.

물론 이것은 지금까지 국익을 보호하기 위하여 반드시 필요하다고 여겨졌던 장벽이 제거되어야만 한다는 뜻이지만, 전례 없는 위기에 맞닥뜨린 지금, 바로 그 장벽이 공동 안보를 방해하고 있으므로 이는 합당한 조치이다. 이 위태로운 상황을 바로잡기 위해서는 모든 국가의 선의가 필요하다. 또한 문명사회에 치명적인 위협이 될지 모르는 문제를 해결해야만 한다는 점을 명심해야 한다. 우리는 확고한 기반을 모색해 세계 안보에 앞장서야 하며, 이는 기본 인권을 수호하기 위하여 단결하였던 모든 국가들이 현재 만장일치로 의견을 전하고 있는 부분이다. 이 중대한 문제에서 합의를 이룸으로써 장애물을 제거하여 상호 신뢰를 쌓고 국가 간에 조화로운 관계를 형성해야 한다는 주장은 아무리 강조해도 지나치지 않는다.

우리 세대의 앞길에 중대한 과제가 놓였으니, 전 세계 과학자들은 후세를 위하여 막중한 책임을 통감하고 가치 있는 임무를 수행해 주어야한다. 과학 공동체 구성원들은 서로 국적이 다르더라도 과학적 교류를 통해 끈끈한 유대감을 형성하며 인류가 현재 어떠한 위태로운 상황에 처해 있는지 많은 사람들이 적절히 인식할 수 있도록 유도하고, 계속 울리고 있는 경종에 대중이 경청할 수 있도록 인류애를 호소해야한다. 굳이 지적하지 않아도 다들 알고 있는 사실이지만, 이 새로운 개발을 위한 기반을 닦는 데 한몫했다거나 인간의 문화가 자유롭게 발전할 수 있는 문명 상태를 보존하는 투쟁에서 결정인 역할을 하게 된 이 프로젝트에 동참했던 과학자들 모두가 적극적으로 나서야 한다는 것은 자명하다. 그러므로 현재 인류가 처한 위기를 극복하기 위하여, 과학이 오랫동안 지지해온 이상에 걸맞은 결과를 각자 어떠한 방식으로든 간에 도출하고자 노력해야 한다.

1

만약 폭탄이
통제 불능 지경에
이르게 되면

by Philip Morrison

> 필립 모리슨 현 코넬대학교 물리학 교수는 시카고와 로스앨러모스에서 원자 폭탄 프로젝트에 참여했었다. 그리고 전쟁부의 요청에 따라 히로시마 폭탄의 영향을 조사하기 위하여 일본으로 건너갔다.

홉사 교회 바자회의 점포에 모인 사람들처럼, 우리는 개방된 소형 목조 막사 안에 앉아 도쿄에서 온 일본 참모 본부 소령이 들려주는 이야기에 귀를 기울였다. 우리를 에워싼 땅은 검게 물들어 있었다. 9월답지 않게, 내해 부근 나무들은 기묘하리만치 앙상했다. 원자 폭탄의 영향을 연구할 목적으로 미 육군 선발대가 히로시마에 도착한 상황이었다. 한때 제5사단 사령부로 이용되었지만 현재 돌무더기가 된 성터에서 지역 당국의 주최 하에 우리는 첫 번째 원자 폭탄 투하가 일으킨 참사에서 생존한 사람들을 만나게 되었다. 소령은 앳되고, 매우 엄숙했다. 조심스럽고 천천히 말하는 태도로 보아 본인이 건네는 말이 적절히 통역

되어 의미가 정확하게 전달되길 바라는 눈치였다. 그는 모두가 들어 마땅한 이야기를 전했다. 원자 폭탄이 한 국가의 구조에 일으킨 첫 번째 후폭풍에 관한 이야기였다.

8월 6일 월요일 오전 일곱 시 십오 분 경, 일본의 조기 경보 레이더망에 혼슈 남부와 내해 항구를 향해 날아오고 있는 적군의 항공기가 감지되었다. 경보가 발령되었고, 히로시마를 포함한 여러 도시에서 라디오 방송이 중단되었다. 굉장히 높은 고도에서 침입자가 해안을 향해 접근하고 있었다. 여덟 시가 되어갈 때쯤, 다가오는 항공기가 기껏해야 세 대 정도에 지나지 않는다는 사실이 확인되자 공습경보가 해제되었다. 보통 B-29가 목격되면 전 지역민에게 방공호로 대피하라는 경고 방송이 나갔지만, 정찰기 출현 외에 딱히 공습은 없다고 판단되었다. 여덟 시 십육 분, 일본 방송 협회의 도쿄 통제실은 히로시마에서 방송이 중단되었던 사실을 알아차렸다. 담당자는 다른 전화 회선을 이용하여 방송 연결을 시도했지만, 이 또한 실패하였다. 약 20분이 지난 뒤, 도쿄 철도 전신 센터는 히로시마 북부 본선에서 전신이 작동을 멈췄던 사실을 확인했다. 그리고 히로시마에서 처참한 폭발 사고가 발생했다는 소문이 해당 도시에서 16킬로미터 이내에 있는 작은 기차역들을 통해 두서없이 퍼져나갔다. 이 일련의 사건들이 참모 본부의 방공 사령부에 보고되었다. 군은 히로시마 성에 있는 육군 무선 전신국에 연신 통화를 시도했다. 그러나 응답이 없었다. 히로시마에 무슨 사건이 터진 것이 틀림없었다. 참모들은 어리둥절했다. 대규모 공습이 벌어졌을 리가 만무했다. 게다가 그 당시 히로시마에서 보관 중이던 폭발물의 양은 그다지 많지도 않았다.

참모 본부는 젊은 소령을 불렀다. 그는 즉시 육군 항공기에 탑승하여 히로시마로 가 사태를 파악한 뒤 도쿄로 돌아와 참모들에게 정확한 정보를 보고하라는 지시를 받았다. 방공 사령부에서는 일본이 뒤숭숭한 1945년 8월을 보내고 있던 터라 미미한 진실이 부풀려져 참담한 유언비어로 번진 것일 뿐 딱히 무슨 변고가 생긴 것은 아니란 의견이 보편적이었다. 소령은 공항으로 이동한 뒤 남서쪽으로 향했다. 약 세 시간가량 비행했을 무렵, 히로시마에 도착하려면 아직 160킬로미터나 더 날아가야 하는 상공에 있음에도 불구하고 그와 조종사는 남쪽에서 자욱하게 피어오르고 있는 거대한 연기를 보았다. 화창한 오후였지만, 히로시마는 불에 타고 있었다. 소령이 탑승한 비행기가 해당 도시에 다다랐다. 그들은 상공에서 빙글빙글 맴돌며 믿기지 않는 현실을 내려다봤다. 복잡한 도시의 중심부에는 여전히 불타고 있는 거대한 상흔이 남겨져 있었다. 그들은 착륙하기 위하여 군용 활주로로 향했지만, 발 아래 지상 시설은 함몰된 상태였다. 활주로에서는 아무런 인기척도 느껴지지 않았다.

파괴된 도시에서 남쪽으로 약 48킬로미터 정도 떨어진 구레^{Kure}에는 대규모 해군 기지가 있었으나 미국 함대의 항공 모함 공격으로 이미 초토화된 후였다. 소령은 구레 비행장에서 내렸다. 원조를 위하여 도쿄에서 공식적으로 온 최초 인물이었기에 그는 해군 장교들에게 환대를 받았다. 해군은 히로시마에서 벌어진 폭발을 직접 목격했다. 불가사의한 재난을 당한 도시를 돕고자 해군 병사들은 트럭에 올라탔지만, 도로를 가로막은 살벌한 불난리 탓에 다들 그대로 복귀하는 수밖에 없었다. 시내 북부에서 간신히 탈출해 옷과 살갗이 탄 채로 떠돌던 피난민 몇 명이 기가 막힌 날벼락 경험담을 들려주었다. 그들의 진술에 따르면, 거센 돌풍이 거리를 휩쓸었다. 사방이 온통 잔해와 시체 천지였다. 생존자들은 대폭발에서 가까스로 살아남았지만, 직격탄에 집을 잃었다. 참모 본부에서 온 소령은 막중한 책임을 통감하며 해군 병사 약 이천 명을 여러 조로 나누어 임무를 내렸고, 그들은 해가 질 녘에 해당 도시에 도착하였다. 바로 그들이 히로시마에 최초로 진입한 구조 대원들이다.

소령은 한동안 현장에서 진두지휘하였다. 철도가 복구되었으며 열차에 오른 생존자들은 북쪽으로 이송되었다. 오노미치에서 짐을 싣고 출발한 열차가 현장에 가장 먼저 도착하였는데, 북쪽으로 약 64킬로미터 떨어진 그 지역에는 대형 해군 병원이 위치하고 있었다. 그러나 병원은 금세 환자로 북새통을 이뤘고, 수송 가능한 구호 물품이 삽시간에 동나고 말았다. 열차는 부상자들을 점점 더 먼 북쪽 지역으로 이송시켰지만, 그곳 의료 시설들 또한 얼마 지나지 않아 역부족이었다. 일부 이재민들은 기차로 스물네 시간을 이동한 뒤에야 마침내 치료가 가능할 만한 지역에 도착했다. 도쿄에 있는 병원은 수백 킬로미터 떨어진 히로시마에 의료진을 보내 응급 치료소를 세웠다. 주민 40만 명이 거주하던 도시가 폭탄 한 개와 비행기 한 대 때문에 일본 내에서 유일하게 전시 경제에 더는 일조할 수 없는 처참한 처지로 내몰렸다. 히로시마에 화상과 골절상을 당한 환자의 수는 무수히 많았지만, 붕대와 의사는 턱없이 부족했다. 이 사건으로 섬나라의 모든 도시가 공포에 휩싸였다.

어느 도시에서든 벌어질 수 있는 재난이었기에 살생학 전문가들은 원자 폭탄을 짐작하며 히로시마 참사를 제대로 설명하기 위한 개념을 정립하기에 이르렀다. 이는 집중 공격 작전이다. 의미는 간단하다. 당신이 사람 또는 도시에 공격을 가하는 경우, 상대방은 방어하기 마련이다. 당신에게 반격하고, 병을 던지고, 화재를 진압하고, 부상자를 보살피고, 가옥을 다시 세우고, 야외에 있는 기계에 방수포를 덮을 것이다. 공격이 거세질수록 상대방은 사력을 다하여 방어한다. 그러나 부지불식간에 압도적인 파괴력을 경험하는 경우, 상대방은 방어할 엄두도 내지 못한다. 그저 망연자실할 뿐이다. 일반적으로 공격을 당한 도시에서는 최대한 신속하게 대공 포화를 시작하고, 소방대원은 주민들의 집에 난 불을 끄기 위해 전념을 다한다. 그러나 당신이 눈 하나 깜짝하지 않고 더욱 광포하게 공격을 퍼부으면, 상대방은 아무리 최선을 다한다 해도 막대한 피해에 막대한 노력으로 맞서기 힘든 법이다. 방어력이 집중 공격을 당한 셈이기 때문이다.

원자 폭탄은 단연 대표적인 집중 공격 무기이다. 광대한 면적이 별안간 무참히 파괴되면, 괴력에 압도되어 방어력이 생기지 않는다. 히로시마에는 최신 설비를 갖춘 소방서가 서른세 곳이 있었지만, 폭탄 투하로 스물일곱 군데가 폐허가 되었다. 소방대원 4분의 3이 사망하거나 심각한 상해를 입었다. 이 와중에 피폭지에는 화재가 수백 건, 아니, 수천

건이 발생한 것으로 추정되었다. 이러한 상황에서 화재를 어떻게 진압할 수 있겠는가? 고작 1분 만에 피해자가 약 25만 명이나 발생했다. 공공 보건 기관 책임자는 집이 붕괴되는 바람에 매몰되었다. 그의 부하도 숨졌고, 부하의 부하도 숨졌다. 군 지휘관 또한 숨졌고, 그의 보좌관도, 그리고 보좌관의 보좌관도, 정확히 말하자면, 그의 모든 참모들이 목숨을 잃었다. 의사로 등록된 298명 중에 생존자를 돌볼 수 있는 이는 오직 서른 명밖에 되지 않았다. 약 2,400명가량에 달했던 간호사와 병원 보조원 중에서는 폭발 이후에도 일할 수 있는 이가 고작 600명밖에 남지 않았다. 이런 상황에서 부상자를 어떻게 치료하고 피난 계획을 세운단 말인가? 해당 도시 중심지로 전력을 공급하던 변전소가 파괴되고 철도가 끊겼으며 기차역은 산산이 부서지고 화재로 전소되었다. 전화와 전신 교환국은 쑥대밭이 되었다. 병원들이 형체를 알아보기 힘들 정도로 무너진 가운데 단 한 군데만은 버티고 서 있었지만, 그 한 곳마저도 환자들에게 비를 피할 수 있는 은신처가 되어주진 못했다. 콘크리트 벽은 굳건히 남아 있긴 하였지만, 지붕과 칸막이, 그리고 창문은 이미 없어진 후였다. 도시 외곽에 피해를 입지 않은 지역들이 있었지만 리더십, 조직, 보급품, 대피처가 결여된 상황에서 그곳 사람들이 피해자들을 효과적으로 도울 수는 없었다. B-29의 살벌한 공습에 일본 내 많은 도시들은 이미 황폐화된 상태였고, 이에 일본의 방어력은 눈에 띄게 흔들리고 있었다. 그 와중에 원자 폭탄이 떨어지면서 불안정한 방어력이 집중 공격을 당했던 것이다. 두 번째 원자 폭탄 피폭지인 나가사키에서의 구호 활동은 훨씬 더 열악했다. 나가사키 거주민들은 애당초 자포자기했다.

히로시마 고위 공무원은 파멸한 도시를 향해 손짓하며 말했다. "폭탄 하나에 이 지경이 되다니. 더는 버틸 수가 없구나." 우리는 그가 한 말의 의미를 이해할 수 있었다. 머나먼 마리아나제도에서 B-29가 매주 쉼 없이 날아와 일본 전역에 불을 질렀었다. 그나마 경보가 울리긴 했다. 정부는 대규모 공습이 시작됐음을 알렸고, 오사카 사람들이 지옥 같은 밤을 보내게 된다 해도 나고야 사람들은 잠을 청할 수 있었다. 폭격기 천 대는 눈에 띌 수밖에 없었고, 공습 전에는 특별한 징후가 있었기에 가능한 일이었다. 이 섬나라 어디에서든 미국 항공기 몇 대를 볼 가능성은 늘 존재했다. 보통은 사진사나 일기 예보관이 탑승하고 있었고 때로는 교란 급습을 벌이기도 했을지언정, 단 한 번도 항공기 달랑 한 대만 나타나 한 도시를 초토화시킨 적은 없었다. 그러나 상황이 완전히 바뀌어 버렸다. 항공기가 대공포 사정거리 밖에서 태연하게 날아와 도시 전체를 시신과 화염으로 가득하게 만들 수 있게 되었다. 이제 공습경보는 밤낮 없이 모든 도시에서 울리게 생긴 꼴이었다. 침입자가 삿포로에 나타났다 하더라도 1,600킬로미터 이상 떨어진 시모노세키 사람들도 고작 항공기 한 대 등장에 벌벌 떨게 되었다. 이러니 더 버틸 수가 있겠는가.

또 다시 전쟁이 발발하게 된다면, 이는 원자 전쟁이 될 것이며 경보가 울릴 틈도 없을 것이다. 단 하나의 폭탄으로 인디애나폴리스^{Indianapolis} 규모만한 도시를 집중 공격할 수 있기에 로어 맨해튼^{Lower Manhattan}, 텔레그래프 힐^{Telegraph Hill}과 마리나^{Marina}, 또는 하이드 파크^{Hyde Park}와 사우스 쇼어^{South Shore} 같은 대도시가 통째로 초토화될 수밖에 없다. 이 폭탄은 비행기나 로켓으로 운반되어 한꺼번에 수천 개가 떨어질 수도 있다. 이것을 막을 수 있는 방법으로 무엇이 있을까? 항공기에 실린 그 폭탄을 제거하기 위해 다양한 방법이 시도되겠지만, 효과를 백 퍼센트 확신할 순 없다. 폭탄 한 개가 어떠한 파장을 일으킬지 상상하는 것도 버겁다. 우리는 뉴멕시코 사막에서 행해진 실험 사진을 보았고, 한 도시가 감당해야 할 피해를 면밀히 조사하고 결과를 산출하였다. 그러나 원자 폭탄이 히로시마와 나가사키 땅에 실제로 투하되었고, 그 증거는 더욱 명백히 남았다.

히로시마 거리와 건물은 미국인들에게 낯설다. 막연하게 피해 사진만 보는 것으로는 현실이 와닿지 않는다. 그러나 아주 익숙한 도시의 건물들과 사람들에게 폭탄이 투하된 경우가 묘사되면, 명료한 이해가 가능할 것이다. 히로시마에서 다양한 참상을 목격하고 시민들의 경험담을 경청한 나는 미국을 피폭지로 투영해 보려고 한다. 절대 과장한 것이 아니란 점을 유념하길 바란다. 폭탄의 영향력을 최소한으로만 전달할 뿐, 결코 부풀리지 않았다. 만일 원자 전쟁이 발발하게 될 경우, 폭탄 스무 개가 떨어질 만한 곳 중 한 군데만 알리겠다. 그러나 당신이 사는 도시 또한 좋은 표적이란 점을 잊지 마라.

리버사이드 위쪽, 뉴저지 해안에 위치한 극초단파 조기 경보 레이더 타워에 미사일 접근이 감지되었다. 열두 시 칠 분에 신호가 끝났고, 그 물체의 정체는 호기심을 자아냈다. 전화 회선이 고장 나고 텔레타이프가 작동을 멈추자 담당자들의 불안감이 깊어갔다. 그러나 몇 분이 흐른 뒤 WABC에서 모두를 동요시킬 만한 무서운 뉴스가 보도되면서 화면에 표시되었던 것의 정체가 밝혀졌다. 한 사람이 카메라를 들고 밖으로 나가 정오의 눈부신 햇살을 맞으며 북쪽을 쳐다봤고, 그는 역시나 예상한 대로 거대한 기둥 모양 구름을 목격했다. 북서풍이 부는 날이었는데, 방사능 구름이 바람을 타고 날아와 미사일이 처음 감지되었던 레이더 타워 위에 두둥실 떠 있었다는 점이 굉장히 인상 깊었다. 방사선 측정기 기록에 따르면 무해한 양의 감마선이었으나 사진 필름에는 마치 연무가 지독하게 낀 것처럼 보였다.

폭발물은 그래머시 공원Gramercy Park 부근 3번가와 이스트 20번가가 만나는 모퉁이에서 대략 800미터 위 공중에서 터졌다. 딱히 정해진 목표물이 있었던 것은 아니고, 그저 맨해튼과 그곳에 있던 사람들에게 겨냥된 것이었다. 코니 아일랜드Coney Island에서 반코틀랜드 공원Van Cortlandt Park까지, 야외에 나와 있었던 모든 뉴요커들은 섬광에 소스라치게 놀랐으며, 이내 대도시 전체에 퍼져나간 굉음에 시민 수백만 명은 방금 벌어진 일을 어렴풋이 눈치챌 수 있었다.

피폭지 부근 상황은 보고도 믿기지 않았다. 서쪽 강에서 7번가까지, 그리고 유니언스퀘어 남쪽에서 30번대 중반 거리까지, 거리는 시신과 죽어가는 사람들로 가득했다. 광장 벤치에 있었던 노인들은 무슨 영문인지 평생 알 길이 없게 되었다. 폭탄 근처에 있던 사람들은 새까맣게 타 버렸기 때문이다. 옷에서 불길이 활활 치솟는 남자, 검붉게 탄 화상으로 뒤덮인 여자, 그리고 점심 식사를 하려고 서둘러 집에 가다가 숨이 끊긴 아이들로 바글거렸다. 단 몇 초 만에, 두 강 사이에 옹기종기 울룩불룩 가득 들어차 있던 벽돌과 적갈색 사암 건물 수천 채가 와르르 무너졌다. 난간과 현관은 길바닥에 나뒹그라졌고, 유리창은 오래된 건물의 복잡한 구조에 따라 안 또는 밖으로 와장창 깨졌다. 임차인의 머리에 회반죽이 들러붙고 낡은 바닥과 계단은 일진광풍에 붕괴되었으며 튼튼한 벽만이 한때 집이 있었다는 표식을 남기고 있었다. 중심지로 갈수록 남아있는 것이 없었다. 벽돌 또는 사암으로 지어진 5층짜리 오래된 다세대 주택들 사이에 나 있던 좁은 길들은 돌무더기가 쌓여 더는 지나갈 수가 없었다. 곳곳에서 무너진 건물들이 잔해가 되어 서러운 언덕을 이뤘고, 온갖 생활 용품들은 불에 타 쓸모없는 잡동사니로 변했다. 이미 무용지물이 된 곳곳이 화염에 휩싸인 탓에, 가슴 저미게도 부상자들은 피난을 갈 수도 없는 처지로 내몰렸고, 현장에 쉽사리 접근하지 못하는 구조대원들은 반쯤 넋을 잃고 있었다.

고가 구조물은 그나마 상대적으로 형체가 남아있는 편이었지만 14번가에서 미드타운Midtown 거의 끝까지, 모든 역사들이 엉망이 되어 있었다. 계단은 사라졌고, 얇은 바닥재와 바로크 양식의 오래된 난간은 길거리에 나뒹굴고 있었다. 손상되지 않은 것이라고는 철골이 유일했다. 23번가 근처 건물들은 기본 구조마저 잃었는데, 세로 기둥들은 전부 다 뒤틀려 있고 바닥에는 강철 잔해들이 깔려 있었다. 이뿐만 아니라 인명 손실도 어마어마했다. 20번가 근처 2번가에서 열차 한 대가 북쪽을 향해 전속력으로 달려가던 중에 철로에서 밀려났고, 아무래도 이 사고로 한 구역 전체가 화염에 휩싸인 듯했다. 스산하게 골조만 남은 고가 철로들 너머로 콘크리트 차고와 창고 몇 개가 우뚝 솟아 있었지만, 강력한 돌풍에 내부는 풍비박산이 났다. 그리고 이런 참사는 늘 화재로 마무리되기 마련이듯이, 역시나 불이 활활 타오르고 있었다.

유명 고층 건물들은 붕괴되지 않았다. 피폭지에 가까이 있지 않았기 때문이다. 그렇다고 무사하진 않았다. 그중에 높은 메트로폴리탄 타워Metropolitan Tower가 가장 심각한 피해를 입었다. 철골 구조물은 거의 그대로였으나 건물의 1층부터 10층까지 심하게 뒤틀린 것도 모자라 벽면이 도로로 내려앉았다. 16층 위로는 내부 벽이 완전히 사라진 후였고, 20층 위로는 뜯긴 바닥이 얼핏 꿀로 반쯤 채워진 벌집 같았다. 50명 이상이 잔해를 뚫고 가까스로 1층으로 내려왔다는 이야기가 차후에 전해졌다. 그리고 일정 기간이 지난 후, 세인트루이스St. Louis 내 여러 병원에 입원해 있던 환자들 중에서 방사선 피폭으로 열여덟 명이 사망하였는데, 이들은 폭격 당시 메트로폴리탄 타워의 고층에 있었던 것으로 확인되었다. 10층 아래에 있었던 사람들은 대부분 치명상을 피했다. 유리 파편에 맞아 생긴 골절상과 열상이 주된 피해였다. 이 건물의 남쪽에 있었던 수백 명은 폭발 이후 이삼 주가 지난 뒤 피폭으로 사망하였다. 1층 남향에 위치한 철골 기둥 뒤에 서 있었던 어느 유명 항공 엔지니어는 당시 섬광 화상을 당하지도 않고 돌풍에 상처를 입지도 않았다. 그는 호기롭게 구조대에 합류하여 메트로폴리탄 타워에서 인명 구조에 힘을 썼다. 그러나 여섯 시가 되며 심각한 욕지기가 올라와 필라델피아Philadelphia 병원에 입원하게 되었고, 철골 구조의 피해 정도에 관하여 공군에 제출할 보고서를 작성하다가 열이틀이 지난 후 사망하였다.

피폭지에서 800미터 조금 안 되는 위치에 서 있던 엠파이어스테이트 빌딩Empire State Building은 신기하리만치 피해가 적은 편이었다. 높은 첨탑의 구조와 외부 장식은 멀쩡했다. 물론, 창문은 산산조각 나고 가벼운 칸막이들과 고층 외부의 광택 나는 장식은 부서졌다. 대들보가 쓰러진 탓에 엘리베이터 작동이 멈췄고, 탑승 중이던 사람들은 그 안에 꼼짝 없이 갇히게 되었다. 피폭지를 바라보고 있던 사무실 내부는 창문의 방충망과 종이가 섬광에 불붙기 시작하며 화염이 번졌다. 이 모든 화재를 진압하기까지 하루 이상이 걸렸다. 폭발로 초토화된 지역의 위쪽 가장자리에 있던 이 고층 건물은 계속 제자리에 당당하게 서 있는 듯이 보이긴 했지만, 실상 저층부를 제외하고는 수개월 동안 쓸모가 없었다. 임차인들의 처지는 건물의 철골이나 콘크리트보다도 못했다. 1층부터 5층 사이에 복도를 포함한 모든 공간에 응급 치료소를 만들어 많은 환자를 수용할 수 있었지만, 그중 상당수가 경찰이 지정한 공동 묘지로 옮겨졌다.

이 도시의 지하 세계는 상대적으로 안전한 편이었다. 맨해튼의 동남부에 위치한 구역 전체가 변전소 붕괴로 정전되었지만, 지하철 전력만은 복구되었다. 렉싱턴Lexington 가에 깔려 있던 쇠창살들이 무너지고 피폭지 부근 IRT 노선 위 넓은 도로 한두 군데가 함몰되며 수도관을 터뜨리는 바람에 열차 일부는 물벼락을 맞았다. 그러나 지하철 승객들과 승무원들은 대부분 무사히 탈출했다. 34번가 초입은 겁에 질린 수백 명이 허겁지겁 몰려들어 아수라장이 되었고, 피폭지 부근 지하에 있었던 열차 한 대는 찌부러져 잔해 더미가 되었다. 피폭지에 가까이 있어

봤자 좋을 것이 없다고 판단한 사람들은 지하를 이용하여 북쪽 브롱크스Bronx를 향해 쭉 걸어 올라갔다. 고층 건물 지하2층에 있었던 사람들은 대폭발이 벌어졌단 사실은 몰라도 땅의 진동과 흩날리는 회반죽 가루를 느꼈고, 갑작스러운 정전에 의아해 지상으로 올라갔다가 경악을 금하지 못했다.

피폭지에서 800미터 가량 떨어진 벨뷰 병원Bellevue Hospital의 참상은 이루 표현할 수 없다. 높은 벽돌 벽이 산산이 부서졌다. 목숨을 부지한 환자는 소수였다. 의사와 간호사는 병원 내 구비되어 있던 치료 물품들을 지킬 여력이 없었다. 폐허가 된 병원이 화염에 휩싸이며 형언할 수 없는 광경이 펼쳐졌다. 벨뷰가 붕괴되어 도시의 구호 단체가 마비되는 바람에 구조 활동은 지연되었다.

천운으로 생존한 사람들과 훌륭한 구조 활동을 펼친 영웅들 이야기가 여기저기에서 들려왔다. 유리 공예 수습생이었던 한 남자가 남쪽 렉싱턴 가에서 24번가로 걸어가고 있었다. 그는 맹렬히 번쩍이던 섬광을 묘사할 수는 있었지만, 건물 모퉁이에 서 있던 터라 시야가 가려져 정면으로 보진 못했다. 폭발에 그의 육체는 넓은 도로로 나가떨어졌으나 무거운 물체와 부딪히지 않아 심각한 부상 없이 도망칠 수 있었다. 밤낮 구분 없이, 그는 중상자들을 북쪽으로 이송시키고 붕괴된 건물 속에서 많은 사람들을 꺼냈다. 피폭지에서 불과 몇 백 미터 떨어진 곳에 있었지만, 그에게는 방사선 노출에 따른 증상이 나타나지 않았다. 피폭지에서 반경 열 구역 내 길가에 있었던 사람들 중에 치명상을 당하지 않고 생존한 유일한 한 명이었고, 병원에 입원하여 회복 중이던 환자 수천 명 중 그의 건강 상태를 따라오는 이는 어디에도 없었다.

이 참사에서 가장 참혹한 부분은 방사선 피폭 피해이다. 저 멀리 공립 도서관 또는 경찰 본부 쪽에 있었던 사람들도 이 피해를 입었다. 그러나 대부분은 강과 5번가 사이, 10번가 혹은 12번가에서 30번대 초반 거리에 있었던 사람들이다. 처음엔 모두가 운이 좋았다. 그들은 화재, 섬광 화상, 붕괴된 건물을 감탄스럽게 피했다. 주변 사람들은 실패했지만, 그들은 초토화된 집, 상점, 고가 승강장, 지하실 계단에서 가까스로 기어 나왔고, 부상은 당했을지언정 목숨은 건졌다. 일부는 엄청난 섬광을 목격했고 바닥이 꺼지는 것을 느꼈으며 돌무더기가 된 집에서 10분이 흐른 후 정신을 차리고 탈출했다. 또 다른 일부는 폭발 당시 벽으로 내던져진 버스나 승용차에서 용케 살아 나온 뒤 시신과 목숨이 끊어져가는 사람들을 차체에서 끄집어냈다. 그들 스스로도 운이 좋았다고 말했다. 몇 명은 위에서 언급된 항공 엔지니어와 마찬가지로 신기하리만치 멀쩡했다. 그러나 결국 이 모든 사람들이 죽었다. 폭격이 벌어지고 삼 주일이 지난 시점에 필라델피아, 피츠버그Pittsburgh, 로체스터Rochester, 세인트루이스에 있는 병원에서 죽음을 맞이하고 말았다. 멈추지 않는 내출혈, 걷잡을 수 없이 번져가는 감염, 피부 조직으로 서서히 스며드는 혈액 때문이었다. 그들을 도울 방법은 어디에도 없는 듯했고, 마지막은 느리지도 빠르지도 않지만 분명했다. 이 피해자 수는 비교적 적게 집계되었고, 의사들은 조사 결과에 수개월 동안 불만을 표했다. 결과에 따르면, 숫자는 더도 덜도 아닌 2만이었지만, 아마도 실제로는 훨씬 더 많을 것이다.

피폭지에서 멀리 떨어진 지역에 거주하는 사람들도 몇 날 며칠 고통에 허덕이긴 매한가지였다. 57번가와 풀턴 마켓Fulton Market, 그리고 양쪽 강 건너마저도 가정과 회사가 치명타를 입었다. 벽돌로 지어진 건물들이 붕괴되고 벽은 휩쓸려갔으며 다수가 목숨을 잃었다. 맨해튼 섬에는 건물에 고스란히 붙어있는 창문이 별로 없었고, 유리 파편에 얼굴이 찢어져 붕대를 붙이고 다니는 사람이 수천 명에 달했다. 그러나 산 사람은 살아야 했고, 도시는 서서히 복구되었으며, 상흔이 되어버린 20번가에서 볼일이 없는 사람들은 절대 그 근처에 얼씬도 하지 않았다. 우회도로를 이용하고 전화, 전기, 수도 체계를 정비하는 일은 도시 전체의 경제생활에 큰 영향을 미쳤다. 일상의 많은 곳에서 전달되는 체감 피해가 뉴욕시 전체의 회복력을 고갈시켰고, 도시 인구와 부동산 10분의 1을 잃음으로써 업무의 생산성은 반으로 줄어들었다. 사람들은 멀리 떠났고, 타지에서 이 일을 잊기 위해 애를 썼다.

이 통계는 절대 정확하지 않다. 그러나 어림잡아 30만 명이 목숨을 잃었을 것이란 점에는 모두가 동의하고 있다. 경찰과 군이 묻거나 화장한 시신이 최소 20만 명이었다. 나머지는 아직까지도 잔해에 깔려 있거나 타서 증발하고 재가 되었다. 사망자에 못지않은 숫자가 중상을 입었다. 그들은 동쪽에 있는 병원들에 입원하였고, 그해 여름 롱아일랜드와 뉴저지에 있는 리조트들은 병원으로 바뀌어 이용되었다.

8백만 명 중에 사연이 없는 사람은 단 한 명도 없었다. 부자연스럽게 불그스름해진 얼굴 위에 멀쩡한 피부가 격자 모양으로 남아 있는 남자의 사연이 유독 유명한데, 이는 센트럴파크Central Park에서 원숭이 우리 앞에 있다가 폭발을 목격한 탓이었다. 수주에 걸쳐 거주민들을 병들게 만들 정도로 방사능이 강력한 구역에서 방사성 물체를 수집하기 위해 아마추어 수집가들이 그리니치 빌리지Greenwich Village를 드나들 뿐만 아니라, 풍비박산이 된 집 수천 채를 돌아다니며 벽지와 석고 보드에서 그을린 그림자를 찾는 사람들도 있었다.

고작 폭탄 한 개에 뉴욕시가 고통 받은 이 이야기에서 비현실적인 것은 단 한 가지 밖에 없다. 폭탄이 또 떨어지게 된다면, 일본에서와 같이 한두 개 투하로 그치는 일은 절대 없을 것이다. 수백 개, 아니 수천 개가 떨어질 것이다. 아직 방법이 발견되지 않았지만, 이러한 미사일은 설령 90퍼센트를 막을 수 있게 된다 하더라도, 나머지 숫자조차 여전히 막대한 양이기 때문에 이를 방어라고 칭할 수 없다. 만약 폭탄이 통제 불능 지경에 이르게 된다면, 만약 공존하는 법을 배우지 않고 과학을 도움이 아닌 상처를 주는 데에 사용하게 된다면, 우리의 앞날에는 한 가지 미래밖에 남지 않는다. 이 땅 위에 사람이 사는 모든 도시가 소멸하게 되는 미래 말이다.

2

이것은 별과 함께 이어 온 오래된 이야기다

by Harlow Shapley

할로 섀플리는 내로라하는 일류 천문학자이자 하버드대학교 천문대 관장이다. 천문학을 주제로 무수히 많은 책과 기사를 집필한 그는 이번 장을 통해 별에서 벌어지는 원자 변환 이야기를 들려준다.

다음 새천년의 사학자들은 원자 에너지가 인간의 문명에 등장하게 된 과정과 20세기 초반에 걸쳐 인간 세계에 실제로 미친 영향을 정확히 연대순으로 기록할 수 있게 되었다. 그러나 원자 에너지가 기원전 3,000,000,000년에 별의 세계에 등장했다고 말하는 우리의 기록은 정확하다고 볼 수 없다. 내용 자체는 의심할 여지가 없는 사실이지만, 날짜가 불확실하기 때문이다. 원자 에너지의 방출과 이용은 태양 및 다른 별들과 함께 이어 온 오래된 이야기이다. 이는 태양의 한 행성에서 계획 하에 우라늄 원자 분열을 성공시키기 이삼십 년 전부터 천체물리학에서 기본 이론으로 자리잡혀 있었던 것이다.

별에서 일어나는 원자 변환 이야기를 통해 새 원자 시대의 기원, 특성, 책임을 되새겨 볼 필요가 있다. 여기에는 타당한 이유가 두 가지가 있다. 첫째, 별의 원자 변환과 에너지 방출은 우주 기초 지식의 핵심이자 골자이며 뿌리 격인 현상이기 때문이다. 우주 진화론은 물질과 방사선의 상호 관계에 기반을 두고, 모든 공간과 시간에서 이러한 관계를 만족스럽게 설명할 수 있어야 용인되는 법이다.

두 번째 이유는 우리에게 별의 원자 분열에 대한 지식을 알려준 것이 다름 아닌 지구상 암석에 화석으로 남겨진 뼈와 잎사귀라는 기묘한 사실에서 비롯된다.

전말은 이러하다. 천문학자들은 오래 전부터 태양광의 양을 측정하기 위해 노력했다. 그리고 태양의 표면에서 지구의 표면까지 거리가 92,000,000마일 이상(약 1억 5천만km)으로 어마어마하게 멀다는 사실을 알아냈다. 그래서 1초 당 복사 에너지가 지구 표면의 1제곱마일에 얼마나 도달하는지 측정할 수 있었다. 측정과 계산 방법은 단순하다. 태양에서 볼 때, 지구는 눈에 띄지 않을 정도로 매우 작다. 그리고 태양에서 쏟아지는 복사 에너지 중 이십억 분의 일도 안 되는 양이 지구로 유입된다. 미세한 할당에 불과하지만 우리에게 도달하는 열과 빛만으로도 태양이 생산하는 에너지량이 얼마나 막대한지 자명하게 알 수 있다. 이로써 19세기 초 생각이 깊은 천문학자들에게 걱정거리가 생겼다. 이런 식이라면 언젠가 태양의 힘이 고갈되어 더는 열과 빛을 생산하지 못하게 되는 것이 아닐까? 이 격렬한 에너지가 기나긴 지난 과거

동안 쭉 발산되어 왔다는 것이 기록되어 있는데, 과연 미래에도 지속될 수 있는 것일까?

난로에서 석탄이 산화되는 것과 마찬가지로 태양도 전소할지 모른다는 원시적 가정은 과학적 지위를 얻지 못했다. 태양으로 떨어지는 유성과 혜성이 태양 대기에서 충돌과 충격을 일으켜 충분한 에너지를 만들어내는 것인지도 모른다는 생각도 제기되었다. 그리고 훗날, 헬름홀츠Helmholtz와 그의 제자들은 가스로 가득한 태양이 자동적이고 규칙적으로 수축을 하는 자연 현상을 에너지원으로 지목하였다. 차가운 공간에 고립된 태양이 열기를 내뿜으며 스스로 열을 식히는 셈이다. 그런데 이 냉각 과정에서 대기가 태양의 중앙으로 압축되며 규모가 줄어든다. 이 수축은 위치 에너지를 복사 에너지로 바꾸고, 그 결과로 태양은 열을 더 낸다. 이러한 일련의 과정으로 복사열이 지속적으로 쏟아진다는 것이다.

그러나 이 해설에서 오류가 드러났다. 화석과 더불어 방사능 현상이 주목을 받으면서 판명된 사실이었다. 원자 에너지 이야기에 그 유명한 원소인 우라늄이 처음으로 등장하여 별에 동력을 공급하는 연료 사이클의 주요 요소로 자리잡게 된 것이 계기가 되었다.

지질학자들의 신중한 면모는 예부터 유명하다. 지질학자들이 많은 나라를 찾아가 다양한 암석에서 동물과 식물의 화석을 찾음으로써 기나긴 세월의 증거가 풍부하게 발견되고 있다. 그러나 멸종된 동식물의 자취가 남겨진 지층은 얼마나 오래된 것일까? 19세기 신학자들이 훼방을 놓는 통에 지질학자들은 오랫동안 고생대를 수만 년, 수십만 년, 그러다가 조금 더 올려 수백만 년 전으로 추정하는 것에 그쳐야만 했다.

그러던 중 베크렐^{Becquerel}과 퀴리^{Curie} 부부가 세상에 등장한 뒤 이내 라듐이 발견되고, 라듐과 토륨, 악티늄, 우라늄에서 천연 방사능이라는 것이 발견되며 세상이 떠들썩해졌다. 현재 우리에게 심각한 걱정을 안기고 있는 우라늄 원자의 '인공 분리'는 당시로서는 머나먼 미래의 일이었다. 그러나 우라늄 원자가 알파 입자(헬륨 원자의 핵)를 방출함으로써 스스로 다소 가벼운 원소로 변환하는 '자연 붕괴'는 1896년도에 확인되었다. 그리고 얼마 지나지 않아, 이러한 자연 붕괴가 지구가 존재했던 기간 내내, 아니, 어쩌면 그 이상 동안 진행되어 왔을 것이란 점이 추론되었다. 그렇게 50년 전, 자연 방사능의 부산물로 강렬한 방사선과 고속 입자가 방출된다는 사실이 처음 발견되면서 원자핵에 담긴 힘이 드러났다.

종양을 라듐으로 처음 치료하였던 것이 우리가 최초로 원자핵의 위력을 이용했던 순간이다. 천상에서 천연의 원자 에너지와 자연스럽게 공존하는 별들을 이 땅의 자식들이 따라 하기 시작했다. 인간은 원자 시대의 문턱에 올라섰고, 이제 그 문은 활짝 열렸다.

우리의 이 이야기에서 가장 중요한 부분을 차지하는 우라늄은 암석의 나이를 측정하는 특별한 시계로 활용된다. 지속적으로 불가피하게 붕괴되며 최종적으로 납과 헬륨으로 변하기 때문에 우라늄은 지나간 연대를 측정하는 데에 굉장히 요긴한 도구이다. 우라늄을 함유한 암석에서 헬륨과 납이 많이 발견될수록, 우라늄이 활동한 기간은 더 길고 암석은 더 오래 되었다는 뜻이다.

이를 활용하여 연대를 측정하자 획기적인 결과가 산출되었다. 새롭게 발견된 지구화학적 정보 덕에 지질학자와 고생물학자는 더 이상 눈치를 볼 필요가 없게 되었다. 시간 척도는 굉장히 긴 반면 지질학적 변천과 생물학적 진화는 상대적으로 느렸던 사실이 밝혀졌다. 이는 침식과 퇴적 작용을 거듭하며 꾸준히 지속되었던 것이다. 그러나 이로써 천문학자들은 궁지로 내몰리게 되었다.

우리는 보통 태양이 가면 다른 별들도 따라 간다고 말한다. 태양 에너지에 대한 의문이 해결되면 우주에서 벌어지는 항성의 복사 작용도 자연스레 설명되어야 마땅하다. 즉, 태양을 수축으로 설명이 가능하다면, 다른 것도 가능해야 한다는 뜻이다. 이에 따라 수축 이론은 학계에서 인정받는 것도 잠시, 금세 입지를 잃기 시작했다. 시간이라는 압박에 버티고 서 있을 수가 없었다. 석탄기 지층에서 발견된 양치식물, 새롭게 밝혀진 연대, 그리고 양치식물과 우라늄 암석에는 엄청나게 기나긴 시간 척도가 요구된다는 지구화학적 증거에 무너지고 말았다.

다시 말해, 지구의 나이가 굉장히 많다는 증거들이 지구 표면에 존재한다는 갑작스러운 깨달음에 햇빛의 원천을 다시 연구해야 했고, 특히 고대 햇빛의 특성도 숙고할 필요성이 생겼다. 고생대 생명체의 유물을 조사하는 사람이라면, 아마추어라고 해도 3억 년 전의 생활 조건이 (공기와 빛에 관한 한) 지금과 별반 차이가 없을 뿐더러 5억 년 전도 딱히 다를 리가 없다는 사실을 역력히 알고 있다. 화석 채취자들과 방사능 암석을 다루는 화학자들은 본인들도 모르는 사이에 대단한 무언가를 발견하곤 했다.

다른 것을 탐구하던 중에 우연히 훨씬 더 중대하고 의미 있는 발견을 하는 것, 혹은 그 능력을 일컬어 '세렌디피티serendipity'라고 칭한다. 종종 일어나는 일이었지만, 별의 일생에 대한 비밀을 파헤칠 단서를 제공하는 발견과 같은 세렌디피티는 극히 드물었다. 그런데 지구화학자가 오래된 여러 암석 지층에서 우라늄 대비 납의 비율을 측정하던 중, 그리고 고생물학자가 식물 화석 구조를 분석하던 중에 바로 그 세렌디피티가 발생했다. 그들이 찾아낸 결과는 천체 물리학자로 하여금 지속적인 일광을 다시 본격적으로 파헤칠 수 있도록 추진력을 주었고, 핵물리학의 영역으로 넘어가게 하여 지구상에 원자 시대를 도래케 하는 실마리를 잡을 수 있게 해 주었다. 고도로 전문화된 다양한 과학이 바람직하게 화합한 사례로 이만한 것이 없었다.

이 실마리에 과학자들이 어떠한 행로를 걸어가게 되었는지 한번 살펴보자. 1904년도에 통찰력이 남달랐던 우주 진화론자 제임스 H. 진스James H. Jeans는 고온 물질의 전자와 양성자가 격앙된 상태로 서로 충돌하고 몰살하면 에너지가 효과적으로 방출될 지도 모른다는 생각을 제시했다. (그로부터 25년이 흐른 후, 중성자는 양전하가 소멸된 양성자와 동등한 것이란 사실이 발견되고 원자핵의 주요 구성 요소로 인정받게 되었다.) 이듬해, 아인슈타인의 특수 상대성 이론이 경이로운 수학적 사고를 제시하였고, 이에 따라 물질이 완전히 또는 부분적으로 소멸할 때 에너지가 어느 정도 방출되는지 계산이 가능하게 되었다. 새롭게 제시된 이 물리학 원리에 따르면, 물질과 에너지는 동등했다. 물질의 그램^{grams}과 에너지의 에르그^{ergs}는 모습은 다를지언정 본질적으로는 같다.

요령을 깨우친다면, 아인슈타인 방정식에 따라 당신도 그램당 9×10^{20} 에르그를 얻을 수 있다. 이 어마어마한 산출량에 관해서는 1온스 물질에 볼더 댐$^{Boulder\ Dam}$의 거대한 발전소가 한 달 동안 만들어 내는 산출량과 에너지 측면에서 동등한 잠재력이 존재한다는 한스 베테$^{Hans\ Bethe}$의 발언이 좋은 예시가 되고 있다.

천문학자들은 별들도 그 요령을 안다고 생각하기 시작했다. 뜨거운 내부에서 물질의 원자를 복사 에너지로 변화시키는데, 이로써 표면에서 상당한 변화가 발생하여 햇빛과 별빛이 우리에게 도달한다는 주장이었다. 이 과정에서 태양은 매초마다 방사로 질량 4백만 톤을 잃을 수밖에 없지만, 총계가 워낙 거대하기 때문에 그 오랜 세월 동안 꾸준히 작동되고 있는 것이다. 고생물학 증거가 만들어지기까지 지속적으로 필요했을 것으로 여겨졌던 억겁의 세월 치 햇살이 마침내 해명되었다. 사실, 태양과 별은 에너지 공급을 위해 물질을 완전히 소멸시킬 필요가 없다. 예컨대, 원자의 질량 중 오직 1퍼센트만 방사선으로 변환된다고 해 보자. 그래도 이것만으로 모든 요건을 충분히 만족시킬 수 있다.

표면상, 별들은 이 비율로 활동한다. 태양 모델의 원리에 따르면, 별의 뜨거운 내부에서 가장 가벼운 원소인 수소가 두 번째로 가벼운 원소 헬륨으로 변환하고, 이때 소량의 질량이 방사선으로 바뀐다.

일부 별들은 내부 온도가 너무 낮아 수소-헬륨 합성이 이뤄지지 않는 듯이 보이지만, 다른 원자 반응이 발생할 수 있다. 현재, 이밖에 다른 가벼운 원자들—듀테륨, 리튬, 붕소—도 별의 내부에서 원자 변환을 통해 에너지를 생성하는 잠재적 협력자로 여겨지고 있다.

태양의 내부는 온도가 섭씨 2천만 도 이상으로 수소가 헬륨으로 변하는 곳이다. 태양의 표면 온도는 섭씨 6천도 정도밖에 되지 않는다. 원형질 유기체인 우리가 태양의 중심부에 노출되지 않고 있다는 사실을 천만다행으로 여겨야 한다. 그것은 우리가 견딜 수 없는 온도이며, 이를 비교할 만한 것은 원자 폭탄의 섬광밖에 없다. 우리가 존재할 수 있는 이유는 태양의 외부 대기가 보호막과 방사선 가림막 역할을 해 주고 있기 때문이다.

그러나 원자 변환이 바로 이 지구 생명체의 근간을 이루고 있다는 사실을 우리는 유념해야 한다. 원자 변환으로 생성된 복사열이 적정량 아주 오랫동안 지구에 닿았기 때문에 물, 공기, 암석이 따뜻하게 유지되어 이 세상에서 생물학적 진화가 가능하게 되었다. 태양에서 원자가 에너지를 만들어 내기 시작한 것이 새로운 원자 시대에 관한 서적이 출판되고 읽히는 현재로 이르게 하였다. 우리는 천체의 원자 반응이 선사해 준 은혜 덕에 이 우주에서 이렇게 자리를 잡게 되었다.

헬륨 합성과 이에 따른 에너지 부산물 덕택에 녹음이 우거지고 자애로운 지구에 살게 되었으니, 우주 화학이 태양에서 얼마나 중요한지 짚고 넘어갈 필요가 있다. 고속의 수소 원자 네 개가 헬륨 원자 한 개로 바로 융합되는 것이 아니다. 또 다른 흔한 원소인 탄소가 수소를 모을 때 중개 역할을 한다.

최종 산출물인 헬륨과 방사선을 얻기까지, 여러 변화 단계를 거친다. 일반 탄소 원자가 수소 핵을 포획하며 질소의 동위 원소가 된다. 이것은 탄소 원자보다 무거운 것이 당연하고, 불안정하다. 이는 자연적인 과정을 거쳐 탄소의 무거운 동위 원소로 붕괴된다.* 이 새로운 탄소 원자는 다른 수소 핵과 결합하여 더 무거운 질소 동위 원소가 된다. 추가 포획과 방사능 변화를 거쳐 촉매제 탄소 원자가 수소 핵 네 개와 결합하고, 이 단계에서 다시 일반 탄소와 헬륨으로 분리된다. 어떻게 보면, '탄소 난로' 메커니즘이 수소 연료를 태워 헬륨 재를 만드는 셈인데, 이 복잡한 과정 속 여러 지점에서 원자 에너지를 단파 복사 성질로 방출하는 것이다. 이 결과로 만들어진 헬륨 핵 한 개는 수소 핵 네 개의 총질량보다 가볍다. 그 질량 차이는 대략 1퍼센트 정도이고, 이것은 아인슈타인의 등가 원리에 따라 방사선이 된다. 그리고 여기에서 쓰이

---

* 이 합성에 대한 자세한 설명은 1940년 필라델피아 더 블래키스턴 컴퍼니(The Blakiston Company)에서 출판한 골드버그(Goldberg)와 알러(Aller)의 저서 《원자, 별, 그리고 성운_Atoms, Stars, and Nebulae》 269쪽부터 참고하라.

는 에너지는 그램당 9×10^{20} 에르그이다.

우주에서 가장 흔한 원소인 수소를 헬륨과 더 크고 복잡한 다른 원자로 변환시키는 탄소의 촉매 활동 덕에 별들은 수십억 년 동안 빛을 발할 수 있었다. 향후에 추가 이론과 관찰을 통하여 별들의 원자 메커니즘에 대한 이해도는 더욱 높아질 것으로 보인다. 여기까지 묘사된 것은 십 년 혹은 이십 년 동안 많은 천체 물리학자들과 원자 물리학자들의 공로로 얻어낸 것이지만, 주요 공로자는 이 도서의 기고자 중 한 명인 한스 베테 박사라 할 수 있다.

별의 원자 변환은 가벼운 원자 종에서 일어나는 반면, 인간은 지난 몇 년 동안 92개 원소들 중 최상위에 위치한 가장 무거운 원자들을 대상으로 연구를 해 왔다. 그리고 92번에서 멈추지 않고, 앞으로 더 나아가고 있다. 우라늄(92번)이 천왕성을 뜻하는 우라노스^{Uranus}에서, 그리고 토륨이 목성^{Jupiter}에 해당하는 토르^{Thor}에서 이름을 따 명명되었듯이, 93번은 해왕성을 뜻하는 넵튠^{Neptune}을 어원으로 하여 넵투늄이라고 불리고 있다. 최근에 발견된 플루토늄(94번)은 1930년도에 가장 바깥쪽에서 발견된 행성, 즉 플루토^{Pluto}(명왕성)의 이름에서 비롯되었다. 그러나 새로 발견된 원소 95번과 96번에 천문학자들은 이름을 제시할 준비가 되어 있지 않았다. 언젠가 우주 외곽에서 행성 두 개가 추가로 발견되면, 그 두 곳은 자연히 원소 95번과 96번의 이름으로 명명될 것이다. 우리는 그 정도로 감성적인 사람들이기 때문이다.

지질 시대를 거쳐오며 별들이 질서 정연한 변화 과정 속에서 별빛을 꾸준히 유지시키며 대규모로 원자 에너지를 방출한 것은 아니다. 태양의 코로나에서 고유하게 벌어지는 특정 현상이 태양의 표면 또는 부근에서 원자 붕괴 과정에 기여하는 것인지도 모른다. 그래서 우주의 원자 에너지 문제를 고려할 때에는 신성, 또는 드문 초신성이라도 주목해야 한다는 것이 주된 의견이다. 초신성은 별이든 인간이든 원자 에너지를 부주의하게 다루다가 통제 불능 상태에 이르게 되면 어떠한 일이 발생할 수 있는지 암시한다. 별의 내부에서는 압력, 온도, 방사선 밀도, 화학 구조가 모두 밀접하게 얽혀 있고, 이 모든 것은 각 별들을 특징 짓는 상태를 꾸준히 유지시킨다. 특정 균형 상태를 유지하며 물질에서 에너지를 생성해야 한다. 그렇지 않으면, 극단적인 일이 벌어진다. 태양과 같은 별들은 알아서 잘 관리되는 듯이 보인다. 다른 거대한 별들과 달리, 눈에 띄는 주기적 진동이나 규모 변화, 혹은 표면 온도 변화에도 꿈적하지 않는다.

그러나 초신성의 경우는 다르다. 별 안에서 무언가가 생산과 분배 사이의 균형을 건드린다. 이 모든 것은 무섭고 끔찍한 폭발을 뚜렷하게 암시한다. 위태로운 방향으로 전개되고 있다는 신호도 주지 않으며 별의 표면은 별안간 엄청난 속도로 팽창하고 표면 온도는 올라간다. 몇 시간 동안, 매우 빠른 속도로 밝아지고, 최대 태양 밝기의 1억 배에 달하는 빛을 발산한다.

맹렬하게 폭발한 후 잠잠해지기까지 몇 시간 또는 며칠이 걸리는데, 자세히 연구가 가능한 경우가 몇 없긴 하지만, 우리는 잔해에서 막대한 파괴력을 엿볼 수 있다. 별의 바깥 부분은 우주의 사방팔방으로 날아간다. 그리고 성운이 나타나기도 한다. 황소자리에 위치한 게 성운이 서기 1054년 7월 4일에 폭발한 초신성이란 사실은 이미 널리 알려져 있다. 동양에는 엄청 환하게 빛났던 '객성temporary star'에 대한 기록이 남겨져 있다. 그 객성은 하늘에서 유달리 밝게 빛났지만 금세 빛을 잃고 사라졌다가 세기가 일곱 번 흐른 후 망원경으로 확인되어 희미한 성운 목록에 올랐다. 거대한 별 1054가 일시적으로 번쩍였던 바로 그 자리에는 불규칙한 성운이 있다. 현대 망원경에 따르면, 이것은 가스 덩어리이며 여전히 팽창 중인데, 이는 별이 원자 에너지를 잘못 다뤄 생긴 결과라고 볼 수 있다.

3

원자 시대의
뿌리

by Eugene P. Wigner

유진 P. 위그너 프린스턴대학교 물리학 교수는 정부 지원하에 원자 폭탄 프로젝트가 실시되도록 노력한 인물 중 한 사람이다. 그는 애초부터 원자로 물리(physics of chain-reacting piles)에 관심이 많았고, 1942년에 시카고로 넘어가 야금학 연구소에서 이론 물리학 연구를 주도하였다.

증기 기관차를 설계 또는 제조하거나 폭발물을 만들 수 있는 사람은 극소수일 뿐이므로 이번 장의 목표는 원자 공학에 관한 교과서 역할을 하는 것이 아니다. 그러나 증기 기관차와 일반 폭발물에서 벌어지는 기본 현상은 대부분 알고 있다. 일반 폭탄보다 원자 폭탄이 국제 관계에 미친 영향은 훨씬 지대하고, 수년 내로 원자 에너지가 우리의 동력원으로 우세하게 이용되리란 것은 예상이 가능하다. 머지않아, 원자력에 관한 기본 정보가 상식이 되는 날이 올 것이다. 그러므로 지금부터 이 기본 정보를 익혀 선견지명을 얻고 국내외 정치 문제에 관하여 스스로 견해를 쌓아 보도록 하자.

원자 반응 vs. 일반 화학 공정 혹자는 원자력의 특징이 가장 궁금할 것이다. 석탄은 1파운드 연소로 물 700파운드의 온도를 화씨 18도까지 올린다. 그러나 우라늄 1파운드 '연소'로 동일한 온도까지 올릴 수 있는 물의 양은 2백만 파운드에 달한다. 우라늄 1파운드가 폭발할 때도 같은 양의 에너지가 방출된다. 반면, 니트로글리세린 1파운드 폭발 시에 방출되는 에너지는, 열로 환산할 경우, 같은 온도로 올릴 수 있는 물의 양이 고작 150파운드밖에 되지 않는다. 원자 변화와 일반적인 화학 반응은 무엇이 다르기에 전자가 훨씬 더 강력한 것일까?

이 질문에 대답하자면, 일반 화학 작용은 원자의 '배열', 즉 '물질을 구성하는 기본 단위'에 영향을 미칠 뿐, 정체성을 바꾸진 않기 때문이다. 반면, 원자 반응으로는 원자의 '정체성'이 바뀐다. 석탄을 태우면, 석탄 속 탄소 원자와 공기 중 산소 원자의 배열이 무너지고, 그렇게 깨진 탄소와 산소 원자는 새로운 결합물을 탄생시킨다. 화학자는 탄소 원자를 C로, 그리고 산소 원자를 O로 표시한다. 그리고 석탄이 타는 것을 다음과 같은 그림으로 상징적으로 보여준다.

```
-C-C-C-C      O-O    O-O        O-C-O    O-C-O
 | | | |      O-O    O-O        O-C-O    O-C-O
-C-C-C-C  +   O-O    O-O   →    O-C-O  + O-C-O
 | | | |      O-O    O-O        O-C-O    O-C-O
-C-C-C-C      O-O    O-O        O-C-O    O-C-O

  석탄        공기 중 산소            연소 생성물,
                                     탄산 가스
```

위와 같은 화학 변화가 원자의 배열만을 바꾼다는 점을 고려하면, 화학 반응 전이나 후나 원자의 숫자와 종류가 동일하다는 것을 알 수 있다. 화학 반응 전에 C 원자 열두 개와 O 원자 스물네 개가 있었으니, 반응 이후에도 C 원자 열두 개와 O 원자 스물네 개가 동일하게 있어야 한다. 여기에서 벌어지는 일이라고는, 격자 모양을 이루던 C 원자들이 뿔뿔이 흩어지고, O 원자는 분리되며, C 원자와 O 원자 간에 새로운 결합물이 생성되는 것이 전부이다.

석탄 같은 연료와 니트로글리세린 같은 폭발 물질의 차이점을 말하자면, 니트로글리세린은 반응에 필요한 모든 것을 스스로 다 함유하고 있는 반면, 연료에는 다른 물질이 필요하다는 것이다. 다시 말해, 연료는 공기가 있어야 탈 수 있다.

원자 반응은 상당히 다른 문제이다. 원자들이 스스로 변하기 때문이다. 원자 폭탄 폭발에서 일어나는 반응은 다음과 같이 표현된다.

$$U\text{-}235 \rightarrow I + Y$$

이것은 우라늄이 아이오딘과 희귀한 원소인 이트륨으로 변한다는 것을 보여준다. (이뿐만 아니라 다른 두 원소로 쪼개질 수도 있다.) 원자가 다른 종류로 변한다는 점은 일반 화학 원칙과 대조된다. 이 결과는 중세 연금술사들이 수세기에 걸쳐 추구하였지만 허사로 끝을 맺었던 바로 그것이다. 그들은 희망을 버리고 그 동안의 노력이 무의미했다는 사실을 받아들인 후 한 가지 원리를 따르게 되었다. 물론 지금은 바뀌었지만, 그것은 바로 원소의 불가변성이라는 원리였다. 그러나 이는 화학 반응에서만 적용될 뿐, 원자 반응에서는 달랐다.

이 설명만으로는 원자 반응으로 인한 에너지 변화가 일반 화학 반응 때보다 왜 훨씬 더 강력한 것인지 의문이 해결되지 않는다. 오히려, 일류 과학자들조차도 원자 에너지의 근원에 머리를 쥐어짜게 된다.

아인슈타인의 유명한 방정식 $E = mc^2$ *에 따르면, 원자 폭탄 반응으로 방출되는 에너지를 계산하려면, U-235의 질량에서 I와 Y의 질량을 뺀 다음, 광속의 제곱을 곱해야 한다. 이것은 매우 근본적인 관계에서 비롯된 가장 유용한 규칙이다. 그렇다고 해서 이것으로 U-235의 질량이 왜 I와 Y의 질량을 합친 것보다 더 큰 것인지(0.1퍼센트라고 해도, 질량 차이에서는 굉장히 높은 수치임) 설명되지는 않는다. 일반적인 관점에서 볼 때, 한 원소가 다른 원소(한 가지 또는 다른 두 가지)로 변환되는 것과 같이 속성의 근본적인 변화를 초래하는 것은 원소의 단순 재배열보다는 더 큰 에너지 변화와 관련이 있다고 보는 것이 마땅하다.

그러나 아인슈타인의 방정식에 따르면, 반응에 참여하는 원자의 질량을 알기만 해도, 어떠한 작용에서든 방출되는 에너지양을 계산할 수 있다. 이를 테면, 수소가 헬륨으로 변할 때 방출되는 에너지는 원자 폭탄 반응(이른바 '핵분열 반응'이라고 함)으로 방출되는 에너지보다 (반응하는 물질의 단위 중량당) 약 일곱 배가 크다는 답이 산출된다. 또

---

* 에너지는 질량에 광속의 제곱을 곱한 것과 같다.

한 이 방정식을 통해 우리는 가장 강력한 반응에는 최종 생성물이 존재하지 않는다는 것을 알 수 있다. 바로 이것을 일컬어 '소멸 반응'이라고 한다.

$$U \rightarrow$$

이러한 반응들에 관해서는 뒷부분에서 더 자세히 다룰 것이다. 그러나 여기에서 주목할 점은, 과학자들이 이러한 반응들을 일으켜 실용적인 규모로 에너지를 생성하고자 부단히 노력하고 있으나 이 목표는 여전히 공상의 세계에 존재하고 있단 사실이다.

원자 반응은 방사능이라고 알려진 현상으로 자연스럽게 발생한다. 이 현상은 자연 속에서 라듐과 토륨 등등 많은 중원소들에게서 일어나고, 평상시에 안정적인 일부 인공 원소들에게서도 발생한다. 일례로, 우라늄 핵분열로 생성되는 아이오딘과 이트륨은 안정적인 방사성 아이오딘과 이트륨이다. 방사성 원자는 자기 일부를 내보내며 다른 원소로 변한다. 내보내진 입자가 감마선이라고 알려진 방사선과 동반되기도 하는데, 감마선은 엑스선과 유사하면서도 더 강력하고 더 잘 관통한다.

입자와 선은 원자핵 안에서 특정 배열이 발생하는 확률에 따라 결정되는 속도로 방출된다. 이 속도는 열이나 압력과 같은 외부 영향에는 바뀌지 않는다. 보통 반감기라고 알려진 숫자로 설명되는데, 여기에서 반감기란 물질에 주어진 양이 붕괴되어 반으로 줄어들 때까지 걸리는 시간을 말한다. 첫 번째 반감기 끝에는 최초 물질이 절반만 남게 된다. 두 번째 반감기가 끝나면 최초 물질의 4분의 1만 남고, 이런 식으로 계속해서 진행된다.

동위 원소와 동위 원소 분리 일반 화학 반응과 원자 반응 사이에는 차이점이 하나 더 있는데, 이 부분을 유심히 들여다 볼 필요가 있다. 이는 동위 원소 현상과 연관된 차이점이다. 원소는 같지만 형태가 다른 것이 동위 원소이다. 일반 화학 반응에서는 굉장히 유사한 반응을 보이기 때문에 두 동위원소 혼합물이 구성 성분으로 분리될지 여부는 오랜 세월 동안 의견이 분분한 문제였다.

동위 원소는 종류만 다를 뿐 원소는 같기 때문에 동일한 화학 기호를 쓴다. 이 원소들을 구분하길 바란다면, 원소 기호 뒤에 동위 원소의 질량수를 붙이기만 하면 되는데, 이 숫자들은 서로 비슷하다. U-235는 우라늄 원소의 동위 원소이다. 그리고 U-238도 또 다른 동위 원소이지만 U-235보다 무겁다. 동위 원소는 굉장히 유사한 일반 화학 반응을 보이기 때문에 화학 공정 측면에서는 일일이 구분하며 설명할 필요가 없다. 탄소의 두 동위 원소도 상당히 닮은 모습으로 연소하므로, 탄소가 연소한다는 말 외에는 달리 표현할 길이 없다.

반면, 원자 반응에서는 다르다. 동위 원소들은 원자의 변화 과정에서 상이한 반응을 보이는데, 이는 흡사 일반 화학 반응에서 서로 다른 모습을 보이는 애초에 다른 원자들인 것처럼 보인다. 예컨대, 원자 폭탄 반응을 유도할 때 U-238은 U-235에 비하여 유도하기가 훨씬 더 어렵기 때문에 원자 폭탄에 쓰일 수가 없다.

따라서 동위 원소 분리 과정의 중요성과 어려움을 함께 들여다봐야 한다. 반응성이 아주 높은 물질을 원한다면, 원소 중에서 특정 동위 원소를 잘 선택해야 한다. 이러한 물질로는 U-235가 제격이다. 그러나 일반 상황에서는 모두 같은 반응을 보이므로, 한 원소의 동위 원소에서 다른 동위 원소를 떼어놓는 것은 고도의 노력이 요구되는 일이다. 이 난이도를 예로 들자면, 석탄이 자연에서 진흙 같은 다른 물질과 혼합되어 있는 것도 모자라, 석탄과 진흙이 물리적으로 완전히 똑같이 생긴 데다가 똑같이 반응하는 바람에 물로 세척하기라도 하면 석탄까지 같이 씻겨나가고 그 어떠한 공정으로도 둘을 분리할 수 없는 상황이라 할 수 있다.

원자 반응은 왜 이제야 발견된 것인가? 그렇게나 많은 에너지를 방출한 것이 사실이라면, 왜 원자 반응을 여태껏 눈치채지 못했던 것인지, 이 시점에서 상당히 궁금해질 수밖에 없다. 일상에서는 왜 티가 나지 않았던 것일까?

석탄을 태우려면, 우선 수백 도로 달궈야 한다. '발화 온도'보다 낮은 경우에는 혹여 연소가 된다 하더라도, 워낙 미세해서 감지되지 않는다. 원자의 물리적 변화가 연소보다 훨씬 더 막대한 열과 에너지를 발생시킨다는 것은 그 시작에 앞서 석탄에 필요한 것보다 훨씬 더 큰 에

열이 요구된다는 뜻이다. 이러한 물리적 과정에 필요한 고온은 우리의 행성 안에 존재하는 제한된 자원으로는 실현시킬 수가 없다. 그러나 별이나 태양의 중심은 온도가 충분히 높아 원자 반응이 흔하게 일어나므로 원자 에너지가 태양 방사선의 근원이 되는 것이다. 더불어 지구상의 모든 에너지가 근본적으로는 태양의 방사선에서 비롯되고 있으니, 원자 에너지가 삶과 에너지 원천의 토대를 이룬다고 볼 수 있다.

석탄보다 발화점이 한참 낮은 물질로는 인이 있다. 그래서 성냥은 아주 살짝 문지르기만 해도 불이 활활 붙는다. 불이 오랜 시간 동안 발견되지 못했던 이유는 자연 상태의 인이 없기 때문이었다. 설령 자연에 존재한다 하더라도 인은 인간의 손아귀에 들어오기도 전에 일찌감치 우연한 계기로 타서 없어질 수밖에 없다.

'중성자the "zero" element'라고 불리는 것이 있는데, 상온에서 거의 모든 원소들과 반응한다. 그러나 일반적인 자연 환경에서는 중성자가 존재하지 않는다. 중성자는 불과 몇 년 전(1932년도)에 영국의 물리학자 채드윅Chadwick에 의해 발견되었다. 중성자가 희소한 이유는 인이 희소한 이유와 같다. 중성자는 설사 우연히 생성된다 하더라도 삽시간에 다른 원소에 반응하기 때문에 주변에 남아있기가 지극히 힘들다.

바로 이러한 까닭으로 오랫동안 원자 반응에 대한 지식은 부족할 수밖에 없었고, 불과 몇 년 전에야 마침내 대규모로 접하는 데에 성공했다. 중성자와 관련 없는 반응에는 초고온이 필요하다. 반면, 중성자는 워낙 반응도가 높기 때문에 다른 원자에 잘 들러붙으며 소멸에 이른다.

연쇄 반응 1939년 이전만 해도, 앞서 서술된 사실들 때문에 대부분의 물리학자들은 원자 에너지(원자의 물리적 과정에서 일어나는 변화가 원자의 핵에 영향을 미치는 것이므로, 엄밀히 따지자면, 핵 에너지라고 표현해야 함) 사용이 주목할 만한 규모로 이뤄지는 것은 먼 훗날에나 가능한 일이라고 믿었다. 물리학자들이 고생 끝에 겨우 생산에 성공한 중성자들은 방출되자마자 전부 다 금방 흡수되었지만, 아주 빠르고 '치열한' 입자 몇 개를 이와 반대로 냉랭한 시스템에서 이용함으로써 인공적으로 다른 원소와의 원자 반응을 유도할 수 있었다. 이 빠른 입자들은 '방사능 물질'의 생산물이거나 사이클로트론^{cyclotron} 또는 밴더그래프 발전기^{Van de Graaff generator}와 같은 복잡한 기구를 통해 인공적으로 생성된다.

1939년도, 독일의 두 과학자 한^{Hahn}과 슈트라스만^{Strassman}이 원자 반응을 발견했는데, 이는 여느 반응들과 마찬가지로, 상온에서 중성자로 유도한 것이었다. 반응을 일으킨 중성자는 다른 모든 물리적 과정에서와 마찬가지로 흡수되었다. 그러나 여기에서 결정적인 차이점은 이 원자 반응이 중성자를 '생산'한다는 사실이었다. 물리적 과정 중에 생산되는 중성자 수가 흡수되는 중성자 수보다 크다면, 상온에서 반응을 지속시킬 뿐만 아니라 중성자를 풍부하게 얻을 수 있다는 사실이 명확해졌다. 한과 슈트라스만이 발견한 것은 핵분열 과정이다. 이번 장의 시작부에서 언급만 되고 방정식이 자세히 공개되지 않았는데, 그 방정식으로 말할 것 같으면 다음과 같다.

$$U\text{-}235 + 중성자 \rightarrow I + Y + N \text{ 중성자들}$$

N은 한 번의 핵분열로 생성되는 중성자 개수를 의미한다. 그리고 I와 Y는 U-235가 부서져 나온 파편이므로 핵분열 '파편'이라고 칭한다. U-235가 '핵분열'하여 만들 수 있는 원소는 I와 Y만 있는 것이 아니고, 쪼개지며 다른 두 원소로 짝을 이룰 수도 있다.

앞서 언급된 반응에서 N이 한 개가 아니란 부분을 유념해야 한다. 정확히 짚고 넘어가자면, 대략 두 개이다. U-235 덩어리 혹은 다른 핵분열 가능 물질, 즉 중성자를 흡수하면서 분열하는 물질이 있다면, 이를 활용할 수 있는 방법이 두 가지가 있다.

폭탄 준비된 U-235 덩어리 혹은 다른 핵분열 가능 물질에 중성자를 더하면 된다. 이로써 중성자가 U-235와 반응하며 중성자 두 개를 낳는다. 이 중성자 두 개가 모두 자리를 떠나 U-235와 반응한다면, 2세대 중성자 네 개가 생산된다. 그 다음, 네 개 모두가 U-235와 반응한다면, 3세대에서는 여덟 개, 4세대에서는 열여섯 개, 그리고 10세대에서는 대략 천 개, 20세대에서는 백만 개, 30세대에서는 십억 개가 생성되는 결과에 이른다. 한 세대의 중성자가 유발하는 물리적 과정은 다음 세대의 중성자를 전 세대보다 약 두 배 이상 늘린다. 이 일련의 과정은 U-235가 전부 다 소모되어 핵분열 파편과 중성자로 대체될 때까지, 혹은, 폭탄이 산산조각으로 흩어질 때까지 지속된다. 방금 묘사된 시스템은 폭탄, 즉 바로 그 유명한 원자 폭탄을 일컫는다.

폭탄에서 벌어지는 반응으로 생기는 핵분열 파편들은 대략 온도 1조도에 상응하는 속도로 움직이고, U-235 1파운드의 핵분열로 생성되는 에너지는 지름 800미터 이상에 들어있는 공기 온도를 물의 비등점까지 올릴 수 있다. 정확히 짚고 넘어가자면, 실제로, 이러한 폭발이 야기하는 파괴력은 훨씬 더 먼 지역까지 닿는다.

폭탄에서 중성자의 각 세대가 활동하는 기간은 십억 분의 1초를 넘기지 않고, 앞서 묘사된 모든 물리적 과정은 백만 분의 1초 안에 종료된다. 폭탄 제조에서 최대 난제는 막대한 에너지 방출 속에서 U-235 덩어리를 한데 모으고, 중성자 전부 혹은 거의 대부분을 U-235에 흡수되도록 조치해야 한다는 점이다.

중성자 발생 장치 핵분열 가능 물질 한 덩어리를 활용하는 두 번째 방법은 중성자 수를 높이 올리되, 미리 정해놓은 수준에 도달하면 더 이상 늘지 않도록 증식을 멈추게 하는 것이다. 예컨대, 생성되고 있는 중성자 개수의 절반가량을 흡수할 이물질을 시스템에 추가함으로써 적정 수준에서 더는 증가되지 않도록 막을 수가 있다. 이러한 방식으로 하면, 한 세대의 모든 중성자들 중에서 절반만이 남게 되고, 남은 것이 U-235에서 핵분열을 유도할 것이다. 어떤 세대든 간에 중성자 수는 핵분열 횟수보다 두 배 많으므로, 각 세대의 중성자 수는 한결같게 된다. 다시 말해서, 반응은 빠르든 느리든 일정한 속도로 진행되는데, 이 속도는 중성자의 추가 증가를 어느 수준에서 중단하기로 결정하였느냐에 따라 좌우된다. 모든 실용 사례에서 이 수준은 매우 낮기 때문에 U-235의 상당 부분이 소모되기까지 수주일이 걸린다. 이는 폭탄의 경우에 천만 분의 1초가 소요된다는 것과 대조를 이루는 부분이다.

이런 식으로 연쇄 반응을 일으킴으로써 얻는 결과로는 두 가지가 있다. (1)일정한 속도로 진행되는 핵분열 과정에서 열이 일정량 생산되는데, 이것을 유용한 목적으로 활용할 수 있다. (2)동시에, 그리고 불가분적으로 중성자들은 흡수될 수 있는 상태가 된다. 중성자의 과도한 증식을 멈추기 위해 무엇을 선택하든지 관계 없이 말이다.

두 번째 요점도 첫 번째 못지않게 중요하다. 중성자를 흡수하면서 대부분의 핵들은 방사성을 가지게 되므로 U-235의 원자 한 개가 소비될 때마다 거의 방사성 원자 한 개를 만드는 셈이다. 이 방식으로 방사성 원자를 굉장히 다양하게 제조할 수가 있는데, 그것은 바로 현존하는 92개 원소 거의 대부분이 초과 중성자를 흡수하여 연쇄 반응을 통제할 수 있기 때문이다. 어떠한 중성자로든 원자의 물리적 과정을 일으킬 수 있고, 거의 모든 원자와 중성자로 방사능 원자를 만들 수 있다는, 바로 이 사실이 중성자의 무한한 가치를 입증하고 있다. 이것이야말로 U-235를 하나의 폭탄으로 낭비하지 말아야 하는 또 다른 이유가 아니고 무엇이겠는가! U-235가 생산할 수 있는 모든 중성자가 폭발로 헛되이 사라지게 놔둬선 안 된다.

플루토늄 공장 앞서 두 섹션에서 언급된 내용을 통해 엄청난 '가정'을 할 수 있다. 폭탄이나 중성자 발생 장치를 제조하려면, 우선 핵분열 가능 물질을 상당량 가지고 있어야만 한다. 물론, 우라늄의 두 동위 원소를 분리하여 순수한 U-235를 뽑아내는 것이 가능하다. 그러나 중성자 발생 장치에 이용할 핵분열 가능 물질을 생산하는 방법으로 이것이 유일할 경우, 중성자는 굉장히 고가일 수밖에 없다. 천연 우라늄, 즉 U-235와 U-238의 혼합물을 사용해야 모든 공정에 들어가는 비용이 대폭 절감될 수 있다.

U-238이 중성자 수 증가를 막는 물질로 사용된다면 비용 절감은 가능한 일이다. 그러나 이렇게 하면 중성자를 흡수할 수 있는 원소에 대한 선택권은 오로지 U-238로 국한되는 것이고, 이는 중성자 발생 장치를 가지는 것이 아니라, 중성자 발생 장치와 중성자 소비 장치가 결합된 시스템을 가지는 격이다. U-235는 중성자의 근원지이고, U-238은 중성자의 목적지이다. 반응으로 에너지가 생성된다는 사실을 제외하면, U-235와 U-238의 혼합물을 사용함에 따른 이득은 딱히 없어 보인다.

그런데 여기에서 '조커'가 등장한다. U-238과 중성자의 반응으로 새롭게 생기는 물질 U-239가 자발적으로 방사성 '붕괴'를 거쳐 플루토늄이라고 불리는 새로운 원소로 변한다. 그리고 플루토늄 또한 핵분열이 가능하다. 그러므로 플루토늄은 폭탄뿐만 아니라 중성자 발생 장치에서도 사용이 가능하다. U-235가 항상 U-238과 섞여 있단 사실 때문에 어쩔 수 없이 U-238을 중성자 흡수제로 선택해야만 했던 것이 마냥 나쁘지만은 않았던 셈이다. 아니, 오히려 더 잘 된 일이었다.

앞서 묘사된 플루토늄 공장은 실로 특이한 공장이 아닐 수가 없다. 플루토늄을 만들지만, 이와 동시에 에너지를 생산하기도 하니 말이다. 이 물리적 과정에서 보이는 에너지는 다음과 같다.

$$U\text{-}235 + 중성자 = I + Y + N \text{ 중성자들,}$$
그리고 중성자를 생성하는 유사 핵분열 과정.

참고로, 워싱턴주에 위치한 플루토늄 공장에서 제조되는 플루토늄은 인간이 최초로 대량 제조한 원소이다. 그리고 동위 원소 분리로 순수한 U-235를 얻는 것보다 플루토늄을 공장에서 얻는 것이 훨씬 저렴할 뿐만 아니라, 핵분열 과정에서 에너지를 생성시킨다는 장점까지도 가지고 있다. 폭탄을 거의 무제한으로 제조할 수 있을 만큼의 양을, 혹은 사회적으로 평화롭고 이롭게 이용할 수 있을 만큼의 양을 제조하는 데에 아주 긴 시간이 필요하지는 않다. 그러므로 어떻게 사용할 것인지, 선택은 우리의 몫이다.

천연 우라늄은 연쇄 반응을 지속시키므로, 폭탄처럼 폭발하면 어떡하느냐고 우려하는 사람도 있을 것이다. 그러나 불가능하다. 천연 우라늄에서는 중성자 증식 속도가 충분히 빠르지 않다. U-238이 자동적으로 연쇄 반응을 통제하기 때문인데, 풀어서 설명하자면, 중성자가 너무 많이 흡수되는 탓에 다음 세대로 넘어가도 중성자 개수를 늘리기가 힘들다. 사실, 여러 세대에 걸친 증식에서 수를 약간이라도 증가시키는 작업은 물론이거니와 감소를 피하는 작업에도 상당한 요령이 요구된다. 이 요령 중에서 가장 중요한 점은 중성자 수를 조절하는 것, 핵분열 중에 방출되는 높은 속도를 한층 (1초당 10,000마일에서 1초에 약 1마일로) 낮춰야 한다는 것이다. 그러나 천연 우라늄을 이용하는 시스템은 중성자를 증식하기 위해 이런저런 요령을 다 동원한다고 한들, 속도가 너무 느려 폭탄으로 제조될 수가 없다.

다른 원자 반응 원자 물리학 영역에서 탐험을 하다 보니, 무수히 많은 가능성들이 우리 앞에 놓이게 되었고, 이로써 우리는 다른 원자 반응들도 이해할 수 있게 되었다. 그중에서 두 가지가 특별히 거론되었다. 수소 동위 원소들(H^2) 간의 반응, 그리고 소멸 반응. 이 두 가지는 실질적으로 핵분열 반응보다 단위 중량당 더 많은 에너지를 생성하는데, 여기서 후자 반응이 천 배나 더 세다. 그렇다면 이러한 반응들을 이용하는 것은 어떠할까?

현재로서는 실현 가능성이 매우 저조하다. 보다시피, 목적이 좋든 나쁘든 간에 대규모로 핵분열 반응을 이용할 준비가 되어 있는 현재 상황에서 다른 원자 반응이 가까운 장래에 이용될 가능성은 없다고 보는 것이 옳다. 한편, 인으로 일으킨 불을 다른 물질에 불을 지피는 데에 사용하듯이, 핵분열 반응으로 고온을 만들어 다른 반응을 일으켜 보자는 제안도 있다. 심지어 핵분열 폭탄으로 대기나 바다에 '불길'이 번질지 모른다는 의견도 존재한다. 그러나 지금으로서는 이러한 걱정을 할 이유가 없다. 대기나 바다에 불이 붙는다는 것은 추측에 불과한데, 나는 이를 쓸데없는 억측이라 믿는다. 소멸 반응의 경우에는 딱히 관찰된 것이 없지만, 설사 있다 하더라도, 연구소에서 극히 드물게 발견된 것이 전부일 것이다. 우라늄 연쇄 반응 발상을 비웃었던 사람들을 반면교사 삼아, 우리는 지나친 보수주의를 피하도록 조심해야 한다. 어쩌면 현재 우리가 활용하는 것과는 근본적으로 다른 원자 반응에 직면할지도 모르고, 좋건 나쁘건 이와 동등한 수준의 잠재력을 가진 무언가가, 특히 생물학적 발견이 이루어질지도 모르는 일이다.

샛길이 현재 단계에서 우리를 어디로도 인도하지 않는다고 해서 과연 아쉬워해야 하는 것일까? 내 생각은 다르다. 이용 가능한 자원으로 에너지를 풍부하게 공급할 수 있게 되었으니 우리는 더 이상 다른 풍요로운 자원을 찾으려고 애를 쓰지 않아도 된다. 현존하는 자원을 이용하여 합당한—그리고 때로는 부당한—목적에 필요한 에너지를 충분히 만들어 쓸 수 있게 되었으니 말이다.

4

새로운
힘

by Gale Young

게일 영, 올리벳대학(Olivet College) 전 수학과장 겸 물리학과장은 1942년 3월에 시카고에 위치한 야금학 연구소에 합류한 뒤 핸포드 플루토늄 플랜트 설계와 관련한 문제를 이론적으로 분석하는 팀에서 활동하였다.

히로시마 사건이 터지기 전, 원자 폭탄은 그 존재조차 낯선 것이었지만, '원자력'이라는 것은 이미 한참 전부터 세상을 떠들썩하게 하고 있었다. 언젠가 인간이 "원자에서 에너지를 *끄집어낼 것이다*"라는 말이 회자되었고, 소설에서는 이 목표가 성취되는 장면들이 종종 묘사되곤 했다. 1914년도에 H. G. 웰스H. G. Wells가 집필한 『해방된 세계The World Set Free』가 바로 그중 하나이다. 그러나 이제 와 보니 제목의 적절성에 상당한 의문이 든다.

먼 훗날에나 가능할 줄 알았던 원자력이 마침내 세상에 모습을 드러냈다. 그러나 『어스타운딩 사이언스 픽션Astounding Science Fiction』이나 유사한 잡지에서 픽션 속 형제 과학자들이 이 힘을 유용하게 쓰고 있는 대목을 보면, 현실 세계의 진짜 과학자들은 그 수준에 미치려면 아직 갈 길이 한참 멀어 보인다. 그 휘황찬란한 기술 묘사에 비하면 현실 속 발전은 볼품 없게 느껴질 정도이다. 파괴적인 폭탄을 담당하는 분야에서는 이 새로운 힘이 즉각적이고 완전하게 성공한 것처럼 보이지만 인간에게 매우 충성스러운 심복이 되어줄 것이라고 명성이 자자한 이 원자력에는 사실 아직 부족한 점이 무척 많다.

여기에서 모든 것을 전부 다 논할 수는 없을 터이지만, 이번 장에서는 동력원으로서 원자 에너지가 가져다주는 장점을 설명하고자 한다. 전쟁 중에는 이 분야에서 평화로운 적용을 고려할 시간이 부족했다. 그러나 올바른 관점을 지니려면 기나긴 과정이 필요한 법이다.

동력원으로서의 핵분열 무거운 종류의 원자핵, 예를 들어 우라늄과 플루토늄 같은 것에서 핵분열을 일으키는 것이 가능하다. 이러한 물질들의 1파운드가 분열하면, 대략 석탄 1,400톤 또는 휘발유 900톤을 태울 때, 혹은 티엔티TNT 13,000톤을 폭발시킬 때 나오는 에너지를 만들어 낼 수 있다. 아인슈타인의 질량-에너지 법칙($E = mc^2$)에 따르면, 1파운드의 물질은 석탄 1.5백만 톤을 태워 얻는 에너지에 맞먹는다. 이에 따라 이용 가능한 질량의 1,100분의 1만 핵분열 과정으로 에너지가 된다는 사실을 알 수 있는데, 이는 원자력 생산이 아직은 굉장히 불완전한 사업임을 고스란히 드러내는 부분이다.

앞서 설명되었듯이, 핵분열을 통해 원자핵은 비슷한 크기의 두 조각으로 쪼개져 엄청난 속도로 흩어져 날아간다. 방출된 에너지 대부분이 움직이는 파편들의 운동 에너지로 나타나고, 물질에 의해 속도가 늦춰지며 에너지가 열로 바뀐다. 이 파편들은 전하를 운반하므로, 만일 전기장에 가로막히면 에너지는 열이 아닌 전기 형태로 얻어질 수 있을 듯이 보인다. 그러나 이론상으로 그럴싸한 상상일 뿐, 현실에서는 열이 얻어진다.

방금 언급된 커다란 파편 두 개뿐만 아니라, 핵분열 폭발로 감마선과 고속 중성자도 방출된다. 중성자는 전하가 없기 때문에 크고 두꺼운 고체도 뚫고 지나간다. 그래서 감마선과 마찬가지로 투과성이 있는 또 다른 종류의 '방사선'으로 간주된다. 중성자와 감마선은 인체의 생체 조직에 유해하기 때문에 핵분열 동력원을 얻을 때에 잘 차폐해야 한다. 방사선원 측면에서 핵분열은 라듐보다 훨씬 더 위험하다. 둘 다 투과성이 있는 위험한 방사선의 형태로 에너지 몇 퍼센트를 뿜어낸다는 것은 동일하지만, 혼합된 성질을 가진 핵분열 방사선은 대항이 더 어렵기에 굉장히 두꺼운 보호막이 요구된다. 예를 들어, 납은 감마선을 효율적으로 막아 내지만, 중성자는 그러한 납을 용이하게 뚫고 지나간다. 물은 중성자의 속도를 저하시키고 쉽게 흡수하므로 잘 막아 낸다고 할 수 있지만, 감마선을 막을 힘은 없다. 얇고 가벼운 보호막이 발명된다면, 원자력 세계에서 굉장히 유용하게 이용될 것이다. 하지만 안타깝게도, 그 가능성이 엿보이지는 않는다.

분열 파편 두 개는 속도가 느려진 다음, 주변에 있는 전자들을 모아 새로운 원자핵 두 개로 변한다. 이렇게 생긴 핵들은 불안정하고 연달아 방사성 변환을 거치는데, 이 과정에서 라듐 수준으로 감마선과 입자를 방출한다. 그리고 이 방사성은 아주 천천히 사라진다. 그러므로 핵분열 원자로는 처음 조립될 때 방사성이 없을지 몰라도, 작동과 동시에 강력하게 활동하는 핵분열 파편들이 안에서 축적되기 시작하므로, 반응이 진행되지 않을 때에도 차폐 및 냉각에 반드시 신경을 써야 한다.

원자력 발전소 핵분열 연쇄 반응은 임계 크기의 효과를 역력히 보여준다. 단 하나의 작은 물질 덩어리는 그 어떠한 상황에서도 결코 반응하지 않는다. 적절한 물질이라는 전제하에 덩어리의 크기가 늘어나면 결국은 반응하기 시작할 것이다. 만약 물질이 더 추가되면 반응은 점점 더 커질 것이고, 물질이 제거되면 반응은 감소하며 사라지게 된다. 즉, 작업 단위는 반드시 적절한 크기여야만 한다. 너무 작으면 아예 움직이지도 않고, 너무 크면 피해 다니는 경향이 있다. 반응은 작은 물질 조각을 시스템에 넣고 뺌으로써 통제할 수 있다.

이러한 행위는 반응의 연쇄 성질에 기인한다. 하나의 핵이 폭발하며 중성자들이 방출되고, 이 중성자들은 돌아다니면서 다른 핵의 폭발을 유도하는데, 이와 같은 방식으로 계속해서 진행된다. 분열로 방출된 중성자들 전부가 또 다른 분열을 유발하는 것은 아니다. 일부는 포획되어 무용지물이 되고, 일부는 포획되기도 전에 일찌감치 시스템을 빠져나간다. 구조물이 작을수록, 빠져나가는 중성자 비율은 높다. 일정한 속도로 반응을 지속시키기 위해서는 구조물이 적당히 커야 한 번의 핵분열로 방출되는 N개의 중성자들 중에서 N-1개의 중성자가 빠져나가거나 헛되이 포획되어도 남은 중성자 한 개가 다른 분열을 일으킬 수 있다.

원자로는 적정량의 물질이 없다면, 작동되지 않는다. 귀한 핵분열 가능 물질의 필요량을 줄이는 요령은 아주 다양하지만, 그렇다고 크기를 아주 작게 줄일 수는 없다. 소형 원자 연료 캡슐 한 개로 엔진을 가동시킬 수 있을지도 모른다고 생각한다면 오산이다.

핵분열 가능 물질의 필요량을 줄이는 요령 중 한 가지는 탄소, 베릴륨, 수소와 같은 가벼운 원자를 섞는 것인데, 고속 중성자의 속도를 늦추거나 조절하여 새로운 핵분열을 용이하게 만드는 방법이다. 물질의 양은 매우 중요한 요소이기 때문에 일부 경우에서는 미세한 차이로도 작동과 비작동이 좌우된다. 양을 아무리 많이 가지고 있다고 해도 천연 우라늄 하나만으로 연쇄 반응을 일으키는 것은 불가능하다. 그러나 천연 우라늄에 기존 감속 물질들 중 아무것이나 이용하여도 반응을 일으킬 수 있다. 해당 프로젝트의 초기에는 감속재에 우라늄을 최적으로 배열하기 위하여 물질을 쌓고piling up 내리는unpiling 실험 과정을 아주 많이 거쳤다. 바로 이러한 실험적 행위를 계기로 매우 정밀하게 만든 구조물임에도 불구하고, 이 연쇄 반응 장치는 '파일pile'(더미)이란 이름으로 불리게 되었다.

우라늄과 같은 원자 연료는 공기나 다른 화학적 도움이 없어도 적절하게 구성된 파일 안에서 스스로 열을 생산한다. 원자 반응이 빠른 속도로 진행될 때에는 열이 반드시 제거되어야만 하는데, 조치가 제대로 이뤄지지 않으면 파일은 녹게 된다. 핸포드 플루토늄 플랜트에서는 반응으로 열이 아닌 다른 산출물을 바랐기에 냉각수로 열을 식혔고, 그 물은 컬럼비아강으로 흘러 나갔다. 만일 생산하고자 하는 힘이 열이라면, 열을 파일에서 빼낸 다음 열기관으로 보내야 한다. 기존에 설계되어 현재 이용 중인 일반 열기관에서도 원자력이 정상적으로 작동될 것으로 사료된다. 그러므로 원자력이라고 해서 이러한 수행 과정에서 다른 연료와 비교될 만한 기상천외한 일이 벌어질 리는 없다. 우라늄 몇 파운드에는 '퀸메리Queen Mary호'로 하여금 바다를 가로지르게 만들 수 있는 에너지가 잠재되어 있긴 하지만, 몇 파운드짜리 초소형 발전소로 선박을 이동시킨다는 것은 어림도 없다.

기존 원자로, 즉 파일들 대부분이 천연 우라늄에 흑연 감속재를 이용한다. 커다란 흑연 블록들에는 규칙적인 간격으로 평행 구멍이 뚫려있는데, 이 안에는 다소 작은 우라늄 막대가 들어간다. 냉각수는 막대 주위의 고리 모양 수로를 따라 흐르며 막대에서 열을 가져간다. 테네시주 오크리지Oak Ridge에 있는 저출력 원자로는 공기 냉각을 이용하고, 워싱턴주 핸포드의 고출력 원자로는 물 냉각을 이용한다. 이 두 원자로의 냉각용 유체는 자연에서 온 것이며, 파일을 통과한 뒤 자연으로 폐기된다. 두 경우 모두 우라늄 막대들은 냉각재와 접촉되지 않지 않도록 알루미늄에 싸여 있고, 핸포드 발전소에서는 알루미늄이 한 겹 더 이용되는데, 이는 물과 흑연이 접촉되지 않게 하기 위함이다.

기계 동력을 발생시키는 배열을 그림으로 간략하게 나타내면 아래와 같다. 〈그림 1〉은 오크리지 파일을 변형하여 가스 터빈 발전소에 적용한 경우를 보여준다. 공기는 중성자에 노출되면 방사능에 오염되므로 적절히 폐기 되어야만 하는데, 예컨대 높은 굴뚝같은 장치를 이용하여 배출시키면 된다. 방사능에 오염된 공기를 안전한 방식으로 제거하는 굴뚝의 기능이 발전소의 출력을 제한할 수도 있다. 〈그림 1〉에서 번개 모양으로 강조된 선들은 공기가 방사능으로 오염된 구간이다. 터빈이 방사능 환경에 노출되는 것으로 보이는데, 이러한 조건에서도 작동되도록 해야 한다. 발전소를 가동시키기 위해서, 파일은 공기를 상당히 높은 온도로 데워야 한다. 기존 파일들은 이렇게 할 수가 없는데, 그 이유는 흑연과 알루미늄 모두 상승된 온도에 공격을 받기 때문이다. 유용한 동력을 얻기 위해서는 고온 작동이 가능한 파일 개발이 급선무이다.

그림 1

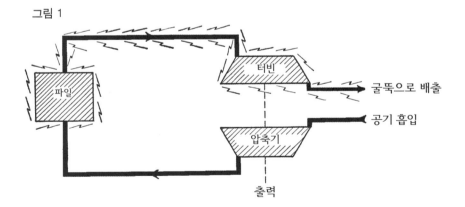

그림 2

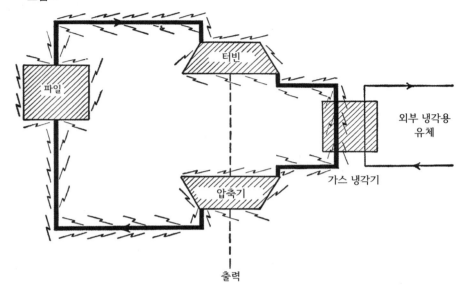

〈그림 2〉에서 보이듯이, 밀폐 사이클 시스템은 굴뚝-배기 문제를 해소하고, 헬륨과 같은 비활성 작업물질 사용을 가능하게 한다. 헬륨 사용은 파일 주변의 방사능을 감소시키는 데에 도움이 된다. 그러나 여기에서는 열교환기가 필요하고, 압축기는 이제 방사능 영역으로 들어가게 된다. 물론, 이 그림에 리제너레이터regenerators, 압축기 인터쿨링 기술 등등을 포함시키면 시스템의 효율성을 증대시킬 수 있다.

그림 3

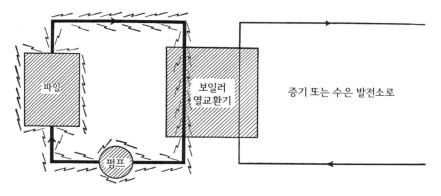

파일 / 펌프 / 보일러 열교환기 / 증기 또는 수은 발전소로

가능한 또 다른 배열이 〈그림 3〉에 그려져 있는데, 여기에서는 파일 냉각재가 열을 일반 발전소 보일러로 보낸다. 액체-증기 발전소는 가스터빈 발전소에 비해 상당히 낮은 온도에서 작동되므로 이 배열로는 원자로가 고온이 아니더라도 동력을 얻는 것이 가능하다.

현재 물을 냉각재로 쓰는 핸포드 발전소는 아주 낮은 온도에서 작동되고 있다. 비스무트bismuth나 나트륨 같은 액체-금속 냉각재가 개발되면 더 높은 온도가 가능하게 될 것이고, 동력은 〈그림 3〉에서 보이는 형태로 얻게 될 것이다.

파일에서 직접 경수나 중수를 기화시켜 증기를 만들게 하는 배열도 고려해 볼 법하다. 이 경우에 문제점은 보일러 압력을 견뎌 낼 파일 구조가 필요하다는 것과 기포 형성이 파일의 안정적인 작동을 방해할 수 있다는 것이다.

원자력의 경제성과 전망 원자 에너지를 평화로운 목적으로 사용하는 것에 관하여 많은 의견이 오고가고 있는데, 터무니없는 낙관주의부터 과도한 비관주의까지, 갖가지 예상과 추측이 난무하고 있다.

혹자는 의문을 품을 것이다. 새로운 동력원의 등장에 다들 대체 왜 이렇게 격앙되어 있는 것일까? 우리는 동력을 햇빛, 바람, 폭포, 조수 등등의 형태로 늘 허비하는 세상에서 살고 있다. 우리가 현재 속도로 연료를 소비한다 하더라도 석탄 공급은 향후 수천 년은 가능할 것으로 보인다. 기술 문명이 이어져 온 기간에 비하면 무척 긴 시간이 남은 것이며, 현재 상황을 보아서는, 예상보다 상당히 오랜 기간 동안 미래에도 지속될 것으로 보인다. 석유 자원은 고갈되어가고 있지만, 다행히 석탄으로 휘발유를 만들 수 있게 되었을 뿐더러 매년 농작물로 생산되는 알코올을 액체 연료로 이용할 수 있게 되었다. 이로써 우리는 추가 에너지 자원이 시급하지 않게 되었다.

그러나 우리는 에너지 전반에만 관심을 갖고 있는 것이 아니라 목적, 때, 장소, 그리고 방식에 걸맞게 자유자재로 이용할 수 있는 에너지를 얻길 바란다. 1제곱야드당 햇빛이 1마력의 힘으로 쏟아진다고 해서 인간에게 바위 한 개를 옮길 힘이 곧장 생기는 것이 아니라, 무수히 많은 장비를 다 마련하여 태양 에너지를 모아야 한다. 정확히 짚고 넘어가자면, 햇빛이란 수단으로 바위를 옮기기 위해서는 거울들과 보일러들로 이뤄진 어마어마하게 비싼 장비가 필요하다.

다른 '무료' 에너지 자원들 또한 마찬가지이다. 이러한 자원들의 경우, 사용하기 위해 투자할 가치는 딱히 없는 편이다. 그중에 그나마 수력만은 직접적인 동력 생산에 유용하다.

석탄과 휘발유 같은 연료들은 무상이 아니다. 축적, 가공, 운반에 노동력과 장비가 필요하고, 이 모든 과정에 드는 비용은 연료의 기본 원가가 된다. 연료가 준비가 된 뒤 추가 노력과 장비 사용을 거쳐야만 탐스러운 형태의 동력이 얻어지는데, 이 모든 과정은 이용에 드는 비용을 의미한다.

이 두 가지 비용을 일상에 빗대어 설명하자면, 가정에서는 자동차—감가상각, 이자, 유지, 보험, 수리, 면허, 차고 대여 등등의 비용—와 휘발유에 지불하는 금액을 이용 비용이라 할 수 있다. 영업용 트럭을 운영할 경우, 총 지출액의 약 10퍼센트 가량을 휘발유 값으로 소비한다. 다음에 제시된 〈표 1〉을 통해 또 다른 예를 보자. 이 표를 보면, 연료가 총비용에서 비중을 많이 차지하지 않는다는 것을 알 수 있다. 석탄과 휘발유가 무료라면 아주 고맙긴 하겠지만, 무료라고 해서 우리에게 딱히 '새 시대'가 도래하는 것은 아니라는 뜻이다. 설령 공짜라고 해도, 우리가 지불해야 하는 동력 비용에는 별반 차이가 없기 때문이다.

표 1. 도시의 일반 소비자에게 부과되는 전기 에너지 비용*

비용의 종류	킬로와트시당 센트 (Cents per kw-hr)
연료 포함 발전 비용	0.47
발전소 고정 비용(이자, 감가상각 등등)	0.78
송전과 변전소 운영 비용	0.16
송전과 변전소 장비 고정 비용	0.33
변전소에서 소비자에게 전력을 공급하는 배전선 운영 비용	0.29
배전 장치 고정 비용	1.45
관리, 부기, 검침, 출장 서비스 등등	1.80
소비자의 계량기에 표기되는 총비용	5.28

원자 연료의 원가는 아직 확인되지 않았고, 발전소도 개발되지 않은 상황이다. 그러므로 현 시점에서는 총비용(연료 + 이용)을 다른 동력 자원의 비용과 비교하여 의미 있는 결과를 산출하기란 불가능하다.

아무래도 전쟁 전 시세를 참고하는 것이 좋을 성싶은데, 정화되지 않은 천연 우라늄은 1파운드에 대략 1.80달러였다. 분리되지 않은 U-235 1파운드는 약 205달러 언저리였는데, 이는 에너지 측면으로 대략 8,000달러어치 석탄 혹은 30,000달러어치 휘발유에 상응한다. 정화, 금

---

* 1933년도에 출판된 바나드(Barnard), 엘렌우드(Ellenwood), 그리고 허쉬펠드(Hirshfeld)의 저서 《화력 공학_Heat-power Engineering》 1054쪽을 참고하라.

속 환원, 동위 원소 분리와 같은 필수 공정에 드는 비용이 과하게 비싸지 않다는 점이 입증되기만 한다면, 우라늄은 연료의 비용 측면에서 봤을 때 경쟁력이 높아진다.

그러나 원자력 발전소의 경우, 일반 증기 또는 가스 터빈 발전소와 유사한 장치를 이용하긴 하지만, 가열 장치나 연소실 대신에 파일을 사용하며 방사선과 차폐 문제로 그 과정이 복잡하다는 사실을 상기해 보자. 원자력 발전소가 다른 일반 연료 발전소에서보다 비용이 덜 들 리가 만무하고, 오히려 상당히 더 높은 금액이 필요할 듯이 보인다.

표 2. 평균 기계적 출력

발전소	백만 킬로와트
자동차, 항공기 기타 등등	25
기관차	7
무역용 선박	3
고정식 발전소	25
총합계	60

미국의 기계적 동력생산 평균이 〈표 2〉에 간략하게 적혀 있다. 고정식 발전소의 산출량 대부분은 전기 에너지이다. 전기 생산량의 약 3분의

2는 연료 연소 발전소에서, 그리고 3분의 1은 수력 발전소에서 만들어진다.

원자력은 중대한 자동차 분야에서는 경쟁력이 떨어지는데, 그 이유는 파일 주변에 필요한 차폐 무게가 (수십 톤가량으로) 상당하다는 점과 연쇄 반응 장치에 필요한 핵분열 가능 물질의 양에 거액이 소요된다는 점 때문이다. 거대한 기관차의 경우는 필요한 차폐 무게를 감당할 수 있을 것으로 보이므로, 가능성 여부가 현재로서는 경계선에 있다고 볼 수 있다. 선박과 고정식 발전소의 경우에는 가능성이 확실히 존재한다. 물론, 먼저 연료와 플랜트 비용이 경제학적 측면에서 더 자세히 계산되어야 할 뿐만 아니라, 건강과 운영상 위험 요소도 파악되어야만 한다.

표 3. 평균 열 출력

	백만 킬로와트 (미국)	백만 킬로와트 (세계)	세계 대비 미국 백분율
석탄	500	2,000	25
석유	300	500	60
천연 가스	100	110	90
합계	900	2,610	35

광물 연료에서 비롯되는 평균 열 출력은 〈표 3〉에 표기되어 있다. 만

일 세계 총량을 전부 다 석탄에서 얻는다면, 매년 약 30억 톤이 필요하다. 이런 식이라면 추산된 석탄 매장량은 대략 2,700년 후에 동이 날 수밖에 없다. 미국 내에서는 연료 40퍼센트 정도를 기계 동력 생산에, 20퍼센트를 비산업용 가열에, 그리고 40퍼센트를 산업용 가열에 사용하고 있다(기계 동력 생산에 사용된 에너지 중 일부만이 실제로 기계적 출력으로 변환된다). 그러므로 연료의 상당 부분이 동력보다는 가열에 쓰이고 있는 셈이다. 그런데 건물들은 원자력으로 난방이 가능하다. 파일을 고온으로 달구지 않고도 말이다. 그리고 원자력 발전소는 기특하게도 연기를 대기로 전혀 배출하지 않는다.

원자력의 특별한 장점은 연료 자체가 가볍다는 것이다. 따라서 발전소가 세워지면, 운반비 때문에 무거운 연료 사용이 비실용적이었던 외딴 지역에서도 난방이나 전력 공급이 가능해진다. 석탄이나 석유 자원이 없는 나라에서는 원자력 발전소에서 생산되는 전기를 기반으로 경제력을 유지할 수도 있다. 그러나 이 주제에 대해 단순한 추측 이상 단계로 넘어가기 위해서는 전력 공학자, 경제학자, 그리고 기타 여러 분야 전문가들의 심도 깊은 연구가 필요하다. 무수히 많은 의문을 해결하지 않는 한, 원자력 관리에 관한 문제는 계속 미궁에 빠지기만 할 것이다. 부디 머지않아 관련 정보가 발견되어 연구에 박차를 가할 수 있게 되길 바란다.

운송 수단 측면에서는 연료의 중량이 중요한 요소이다. 선박에 실리는 석탄이나 석유가 원자력 이용에 필요한 차폐 무게를 초과하는 경우에는 원자력을 이용하여 중량을 줄이는 편이 낫다. 선박, 혹은, 과연 가능할는지는 모르겠지만 항공기에 원자력을 이용하면 추가 원료 보급 없이 원거리를 이동하게 될 것이다.

원자력의 또 다른 장점은 산소가 필요하지 않고 연소 가스를 내뿜지 않는다는 점이다. 아직 해결해야 할 문제가 많지만, 바로 이러한 장점이 다른 어려움들을 상쇄한다고 볼 수 있다. 또한 발전소를 밀폐된 공간, 즉 해저 잠수함, 지하, 또는 다양한 문제점을 극복하기만 한다면 지구의 대기 밖 우주선에 세우는 것도 고려해 볼 법하다.

표 4. 기타 추산

전 세계 인구 .... 20억 명

미국 인구 .... 1억 3천만 명

일인당 에너지 소비량 ....
$\begin{cases} \text{미국 7,000와트} \\ \text{세계 1,300와트} \end{cases}$

신진대사율 ....
$\begin{cases} \text{휴면 100와트} \\ \text{활보 300와트} \end{cases}$

인간이 사용하는 에너지 총량 .... 3×10^9 킬로와트

지구에 닿는 태양 에너지 .... 1.7×10^{14} 킬로와트

세계 석탄 자원 추정 매장량 .... 8×10^{12} 톤

지각에 있는 U-235 추정 매장량 .... 2×10^{12} 톤

석탄 자원에 상응하는 햇빛 15일

U-235 총량에 상응하는 햇빛 30,000년

현재까지 알려진 지층에 매장된 U-235에 상응하는 햇빛 3분

지각에는 막대한 양의 우라늄이 매장되어 있지만, 우리가 접근하여 실제 사용할 수 있는 양이 얼마나 될는지는 아직까지 확인된 바가 없다. 전쟁이 발발하기 전에 알려진 우라늄 매장층에 존재하는 에너지량은 〈표 4〉에서 보다시피, 매장된 석탄이 가진 에너지량과 비교했을 때 아주 보잘 것이 없다. 만약 우라늄 자원이 이것이 전부라면, 다른 풍부한 일반 연료로 사용이 충분한 곳에다가 우라늄을 낭비할 수는 없는 노릇이다. 상황이 이러한지라, 지금껏 발견되지 않은 우라늄 매장층을 찾기 위해 전 세계 곳곳에서 현재 보물찾기가 조용히 진행 중일 것이다.

5

신무기: 서서히 옥죄이는 나사

by J. R. Oppenheimer

> J. R. 오펜하이머는 전쟁 전에 캘리포니아대학교 물리학 교수로 재직하였으며 그곳을 미국 내 가장 중요한 이론물리학의 요람으로 이끌었다. 전쟁 기간 동안에는 뉴멕시코주 로스앨러모스 연구소를 총괄하였다. 현재는 캘리포니아 공과대학교에서 근무하고 있다.

"새롭게 등장한 이 원자 에너지란 힘은 워낙 혁신적이기 때문에 낡은 사고의 틀에서 생각해선 안 된다." 이는 1945년 10월 3일 해리 트루먼 Harry S. Truman 대통령이 원자 에너지에 관하여 의회에 전한 메시지 중 일부이다.

원자 무기가 이 세계에 뜻하는 바가 무엇인지 고심해온 사람들의 소신이 미국 대통령의 입을 통해 용감하게 표현된 순간이었다. 그 소신이라 하면, 이러한 무기의 등장과 존재가 세계 정치 체제에 급진적이고 극심한 변화를 일으킬 것이라는 확신이다. 대통령이 전한 이 말이 종종 이곳저곳에서 인용되고 있고, 이를 옮기는 이들은 주로 신무기의 정당성을 주장하는 사람들이다. 이러한 믿음은 어떠한 기술을 근거로 생겨나는 것일까? 전쟁 기간 동안 그저 전략 폭격 기술이 확장되고 완성된 것에 불과해 보이는데, 이 개발을 왜 급진적이라고 칭하는 것일까?

원자 무기는 확실히 아주 극적이고 참신하게 등장하였다. 새로운 에너지원으로 급부상한 원자력은 자원을 건드리고 통제할 수 있는 인간의 능력이 진정으로 변하였음을, 인간이 지구상에서 실현시킬 수 있는 물리적 상황이 급변하였음을 명료하게 보여주었다. 프로메테우스의 이야기에서나 볼 법한 극적이고 참신한 성질은 인간의 감성을 아주 깊이 자극했고, 인간으로 하여금 자연계와 그 속에서 자신의 위치를 되돌아보게 만들었으며, 이로써 인간은 자연스레 원자 무기에 관심을 갖고 평가하기에 이르렀다. 이러한 면모는 기술 진보로 맞닥뜨린 엄중한 사안을 진지하게 바라볼 수 있도록 도와주는 가치 있는 역할을 하기도 한다. 그런데 원자 무기의 실로 급진적인 특징은 연구실과 비밀 산업에서 어느 날 불쑥 등장했다는 점에 있는 것도 아니고, 기존 모든 자원과 질적으로 다른 에너지를 이용하는 점에 있는 것도 아니다. 이 무기의 급진적인 특징은 바로 막대한 파괴력과 거기에 더해, 파괴에 드는 노력을 대폭 줄였다는 점에 있다. 결과적으로 이 새로운 힘을 인류가 사용하고자 한다면, 그에 맞는 새롭고 보다 효과적인 통제 방법의 필요성이 대두된다.

겉보기에 아무리 참신해 보일지라도 인간의 삶에 깊이 영향을 미친 것들은 대부분은 기존의 것에 뿌리를 두고 있다. 인간의 경험에 토대를 두지 않는 것은 사실상 혁신적이라고 할 수 없다. 나의 표현대로, 원자 에너지 방출이 정말로 혁신적이라면, 그것은 빠른 기술 변화에 대한 전망과 기상천외한 파괴력이 우리의 역사에서 유례가 없기 때문이 아니다. 정확히 짚고 넘어가자면, 역사를 통해 미리 많은 것을 배운 덕에 이러한 것들이 의미하는 바를 우리가 이해할 준비가 되었기 때문이다.

아무래도 원자 무기의 참신성을 정의하는 세 가지 요소를 다음과 같이 간략하게 정리하는 것이 더 명확할 듯싶다. (1)새로운 에너지 자원으로서의 원자 무기, (2)기초 과학의 역할이라는 새로운 표현으로서의 원자 무기, 그리고 (3)새로운 파괴력으로서의 원자 무기.

새로운 에너지 자원으로서의 원자 무기 석탄과 석유에서 얻는 에너지는 본래 햇빛에서 비롯된 것이라 할 수 있는데, 이는 햇빛이 광합성 메커니즘을 통해 유기물에 이 에너지를 저장했기 때문이다. 이러한 연료들은 연소되면 어느 정도 단순하고 안정된 생산물이 된다. 햇빛을 통해 변했던 유기물이 본래의 상태로 되돌아가는 것이다. 수력에서 얻는 에너지 또한 햇빛 덕인데, 햇빛이 증발로 물을 끌어올리기 때문에 우리는 낙차 에너지를 활용할 수 있다. 모든 생명에 필요한 에너지는 물과 이산화탄소를 이용해 햇빛에 의해 창조된 바로 그 유기물을 통해서 얻어진다. 지구상에서 활용되고 있는 모든 에너지 자원들 중에서 태양에서 방출되는 에너지를 직접적으로 이용하지 않는 것은 조력뿐인 것으로 보인다.

태양 에너지는 핵 에너지이다. 태양 내부 깊은 곳, 물질이 아주 뜨겁고 밀도가 높은 바로 그곳에서 수소 핵은 천천히 반응하여 헬륨을 형성하는데, 여기서 반응이란 탄소 및 질소와 충돌하는 복잡한 연속 과정을 거치는 것이지, 곧장 이뤄지는 것은 아니다. 이러한 반응은 태양 중심부의 고온에서 천천히 진행되는데, 이는 그곳의 온도가 약 2천만 도로 유지되기 때문에 가능한 것이다. 이 정도 온도가 유지될 수 있는 이유는 태양 질량의 막대한 중력이 물질의 팽창 및 냉각을 막기 때문이다. 이 땅 위에서 그러한 환경을 조성하자거나 수소를 헬륨과 무거운 핵으로 변환시킴으로써 대규모로 통제하여 에너지를 얻자는 제안은 지금껏 제기된 적이 없다.

원자 무기와 통제된 핵 원자로에서 방출되는 핵 에너지는 근원이 매우 상이한데, 이 두 가지는 우리에게 다소 우연히 나타났다. 아주 무거운 원소들의 핵은 원자량이 중간치에 해당하는 철 같은 원소들에 비해 안정적이지 못하다. 우리로서는 까닭을 정확히 이해할 수 없지만, 지구에는 불안정한 중원소들이 존재한다. 전쟁 전에 발견되었다시피, 가장 무거운 축에 속하는 원소들은 아주 큰 자극을 받아야만 가벼운 핵 두 개로 분열되는 것이 아니다. 현재의 지식수준에서 볼 때 납보다 더 무거운 원소의 존재는 아무래도 우연으로 보이며, 납의 경우에는 분열을 일으키는 현실적인 방법이 존재하지 않는 듯하다. 그러나 우라늄은 단순히 중성자를 포획하는 것만으로도 핵분열을 일으키기에 충분하다. 그리고 다른 핵에서 또 다른 핵분열을 일으킬 수 있는 환경이 적절히 주어지면, 특정 물질―특히 U-235와 플루토늄―에서는 이러한 핵분열로 중성자가 충분히 생성되므로, 핵분열 반응이 연쇄적으로 일어나면서 물질 속에 잠재한 에너지의 상당량이 방출된다.

현재 알려진 바로는, 이런 것은 우리가 실제로 만들고 이미 사용한 원자 무기, 그리고 다소 복잡한 형태인 거대한 원자로, 즉 파일 외의 공간에서는 절대 발생하지 않는다. 우리가 알기로는, 이 우주의 어느 공간에서도 발생하지 않는 현상이다. 즉, 인간이 물리학 세계에 개입해야만 가능하다.

폭발하는 핵분열 폭탄의 내부는 우리가 지금까지 알아낸 바에 따르면, 비교할 만한 곳이 어디에도 없다. 그 안은 태양의 중심부보다 뜨겁다. 자연에서는 일반적으로 존재하지 않는 물질과 인간이 경험해 본 적 없는 강렬한—중성자, 감마선, 분열 파편, 전자—방사선으로 가득하다. 압력은 대기압보다 1조 배가 높다. 어설프지만 단순하게 표현해 보자면, 인간은 원자 폭탄 안을 참신함으로 가득 채워 놓았다.

기초 과학의 역할이라는 새로운 표현으로서의 원자 무기 물리학 세계의 본질에 대한 기본 지식이 인간의 물리적 생활 조건에 이처럼 신속하게 접목된 것은 역사상 전례가 없는 일이다. 1938년도만 해도 핵분열이 가능한지조차 몰랐다. 플루토늄의 존재, 특성, 제조 방법을 생각한 사람은—내가 알기로는—아무도 없었다. 전쟁이라는 난국, 미국과 영국 정부의 결의, 진보된 기술과 단결된 사람들이 개발을 신속하고 가능하게 이끌었다. 그러나 인간의 생활 환경을 바꾸기 위하여 제일선에서 목표 의식을 갖고 신중하게 제 역할을 해온 과학자들은 역사상 그 어느 때보다 막중한 임무를 맡게 되었다.

제일선에서 활동한 과학자들은 자신이 행한 일에 대한 새로운 책임을 통감하는 것은 물론, 장차 벌어질 일을 우려해야 한다. 이 책은 바로 그 우려를 표출한 것이다. 대개 간과되고 있지만 장차 유의미하고 건설적인 측면으로 자리잡게 되어야 할 사실이 하나가 있는데, 그것은 바로 과학자는 자신이 발견한 어떤 것의 본성이 아닌, 그 어떤 것을 발견하는 방식에 의해 휴머니스트로 정의된다는 점이다. 즉, 과학이 추구하는 방법, 가치, 목표의 본질에는 언제나 사람이 자리하고 있다. 바로 이러한 사실 때문에 과학자들은 새로운 원자 에너지와 원자 무기 세계를 아주 폭넓은 관점으로 바라본다. 그리고 과학자들은 서로 다른 국적을 가지고 있다 해도 유사한 경험, 노력, 가치관을 가진 하나의 공동체를 이루고 있는 셈이며, 이는 남녀 모두로 구성된 한 국가 공동체의 이익에 상응하는 중요성을 띠고 있다고 볼 수 있다. 과학자들은 전 세계 동종 분야에 종사하는 이들에게 형제애를 느끼고 지식의 가치를 중요하게 여길 뿐만 아니라—오랜 전통과 유산에 걸맞게—개인적, 국가적 한계를 뛰어넘어 물리학 세계의 본질을 더 많이 발견하고자 한다.

원자 무기에 관한 문제점들을 과학자들이 나서서 표명함으로써 국익보다는 전 세계적 안녕과 안보에 대한 고민이 강조되었고, 이 부분에 있어서는 과학자와 정치인 모두가 동의하고 있다. 과학의 국제적 형제애와 자유를 재정립하는 것이 얼마나 중대한 일인지—대통령의 성명서와 영국, 캐나다, 그리고 미국 수장들의 공동 선언서를 통해—강조되고 있다는 것은 모두가 현실을 인식하고 있다는 징표이다. 그렇다고 해서 과학자들의 협력으로 국가들 간의 문제가 해결될 것이라거나 과학자들이 어울리지 않는 자리에 나서서 해당 문제를 해결하려들지 모른다는 의미로 받아들여서는 안 된다. 여기서 말하는 인식은, 이 문제를 해결하는 데에는 일반적인 접근법이 필요하며 국익은 제한적으로만 유용한 역할을 해야 한다는 의미이고, 이렇게 하지 않으면 해결책을 영영 찾지 못할 수도 있다. 공동 협력은 예로부터 전해 내려 온 과학의 접근 방법이다. 그런데 국제 관계 문제에도 이것을 적용하게 되었으니, 이 또한 진정 참신하다고 볼 수 있겠다.

새로운 파괴력으로서의 원자 무기 지난 전쟁에서 미국은 적지의 목표 지점까지 폭발물을 운반하는 데에 1파운드당 대략 10달러를 소비하였다. 폭발물의 양이 5만 톤이면 운반비에 10억 달러가 든 셈이다. 에너지 방출 측면에서 5만 톤 치 일반 폭발물에 상응하는 원자 폭탄을 만드는 데에 드는 비용이 정확하게 산출된 적은 없지만, 그 비용은 수백, 아니 아마도 천 분의 일일 것이다. 동일 무게 비교에서도, 원자 폭발물이 일반 폭발물보다 월등히 저렴하다. 이 사실을 통해 섣부른 결론을 내리기 전에, 먼저 살펴봐야 할 것들이 아주 많다. 그러나 그 즉각적인 결론이 옳단 사실은 금세 밝혀질 것이다. 동일한 비용과 인력을 투입할 때, 원자 폭발물이 훨씬 더 막대한 파괴력을 일으킬 수 있다. 이로써 파괴에 요구되는 노력이 클수록 파괴 정도가 무조건 큰 것은 아니란 사실이 명백히 드러났다.

폭발물 투하로 파괴된 면적은 폭발 에너지보다는 파괴력을 더 잘 보여주는 지표이다. 원자 폭탄의 경우, 폭발 후 폭풍으로 파괴되는 면적은 에너지 방출에 비례하는 것이 아니라 3분의 2승으로 증가된다. 폭풍에 관한 한, 원자폭탄은 동일한 톤수의 블록버스터^{blockbusters}나 이것보다 작은 미사일에 비하여 효과가 5분의 1로 떨어지는 것으로 보인다. 그러나 히로시마와 나가사키 공습에서 드러난 열 효과, 특히 인명 살상 효과는 앞서 언급된 무기들의 폭풍 효과에 필적했다. 무기에서 방출된 에너지에 영향을 받은 지역에 열 효과가 비례적으로 증가한다는 것은 무기의 힘이 증대되었다는 뜻이므로, 이 무기의 위상은 높아질 수밖에 없었다.

바로 이 부분을 고려해 보면, 원자 무기 산업의 초기 단계에 서 있는 현재, 앞으로 이 분야에서 어떠한 새로운 기술이 등장할지 곰곰이 생각해 볼 필요가 있다. 무기의 크기를 대폭 줄이면서 파괴 면적당 비용을 유지 혹은 감소시킬 수 있을 만한 방법으로는 아직까지 제안된 것이 없다. 한편, 그럴싸하게 들린 제안들을 예비적으로 조사하였더니, 제곱마일당 파괴 비용을 10분의 1, 혹은 그 이상 줄이면서 무기의 단위 출력을 상당량 증가시킬 수 있단 결과가 나왔다. 이러한 무기는 뉴욕^{New York}과 같은 아주 중대한 목표지를 파괴하는 데에만 제한적으로 이용될 것이 분명하다.

폭발로 발생하는 핵 방사선─중성자와 감마선─의 영향을 이쯤에서 구체적으로 언급할 필요가 있다. 이 효과들의 경험하지 못한 특성과 치명적인 영향은 공습 이후에도 수주에 걸쳐 지속된다는 사실에 주목해야 한다. 그러나 히로시마와 나가사키에서 재해를 당한 사상자 중에 이러한 방사선에 피해를 입은 이들은 상대적으로 비율이 낮았다. 미래의 원자 무기 또한 이러한 양상을 띨 것으로 보이지만, 지금으로서는 그 무엇도 장담할 수 없다.

원자 폭탄의 경제성을 논하면서 가능한 보호 조치를 제외시켜서는 안 된다. 한 가지 대응책으로는 도시와 산업 분산이 있는데, 이는 효율적인 파괴를 목적으로 아주 강력한 무기가 투하될 만한 대규모 목표지를 사전에 제거함으로써 적의 파괴 비용을 증대시키는 방법이다. 그런데 고심 끝에 원자 무기 운반을 저지하는 방법을 마련한다고 해서 과연 효율적으로 막을 수 있을는지에 관해서는 판단하기가 무척 힘들다. 이 문제에 관해서는 7장에서 리데노어[Ridenour] 박사가 고찰할 것이다. 그러므로 이 장에서는 현재 상황에서 저지 기술은 원자 파괴력 비용에 딱히 커다란 영향을 미치지는 못할 것으로 보인다는 한 마디로 그치는 게 옳을 성싶다.

얼핏 보면, 원자 폭탄이 전투 병력, 특정 유형의 방어 시설, 해군 함선에 효과적인 힘을 발휘하는 것처럼 보이지만, 전략 폭격에서 원자 폭탄의 가장 두드러진 힘은 불균형적인 파괴력이다. 원자 폭탄은 인구 밀집 지역, 그곳에 거주하는 인구, 그리고 산업을 파멸로 이끈다. 지난 전쟁에서 미국과 영국이 민간인 지역에 대규모 파괴와 방화 공습을 단행하고 민간인을 상대로 원자 폭탄을 사용하기에 이르렀기에, 미래에 큰 전쟁에서 같은 사태가 벌어지지 않으리라고 믿기는 힘든 실정이다.

많은 요인이 거론되었지만, 이 자리에서 논의되지 못한 다른 여러 요인들 때문에 원자 파괴에 필요한 비용을 정확한 수치로 제시한다거나 그에 따른 노력을 상술한다는 것은 부적절하고 불가능하다. 이러한 비용은 우선 원자 군비 경쟁에 참여하는 국가의 기술 및 군사 정책에 따라 달라질 것이다. 그러나 원자 무기 사용에 관하여 불확실한 것이 아무리 많다고 하더라도, 지금까지 전쟁에 쓰인 그 어떠한 무기보다 원자 무기를 이용함으로써 비용을 대단히 절감시킬 수 있다는 사실을 잊어선 안 된다. 나는 이러한 무기의 출현으로 10분의 1 이상, 아니 아마도 100분의 1 이상 비용이 절감된다고 추산하고 있다.* 이러한 맥락에서 본다면, 적은 비용으로 일으킬 수 있는 악의 수단으로 원자 폭탄에 필적할 만한 것은 생물학전^{biological warfare}밖에 없는 듯하다.

즉, 원자 무기의 등장으로 인간의 손아귀에 들어온 파괴력은 사실상 질적으로 바뀐 셈이다. 특히 원자 폭탄의 비용절감 효과는 여러 국가의 정부와 민족들이 전쟁 준비에 많은 금전과 노고를 투자하길 꺼려한다는 사실만으로 그들이 정말 아무 준비를 하지 않는다고 믿을 수 없게 만들었다. 이 새로운 파괴력을 의도적으로 손에 넣었다면, 마찬가지로 의도적으로 그것을 결단코 사용하지 않겠다고 다짐하고 절대 사용되는 일이 없도록 필요한 조치를 취해야만 한다. 먼저 이러한 조치가 취해져야 국제 전쟁을 피할 수 있는 적절한 장치가 마련될 수 있다.

---

* 본 도서 95쪽 아널드 장군의 추정치를 참고하길 바란다.

원자 무기 개발과 잠재적 이용이 가능한 이 상황은 근래 기술적 근거 없이 상상된 시나리오들과 상당히 유사한 모습을 보이고 있다. 미래에 새로운 원자 무기가 등장하여 핵반응으로 지구를 파멸로 이끌고 이 땅을 생명이 지속될 수 없는 황폐지로 만들지도 모른다는 의견도 제기되고 있다. 우리는 이것을 대수롭지 않게 넘기며 근거 없는 공포심으로 치부해선 안 된다. 원자 무기는, 우리가 알다시피, 이용하는 인간이나 국가를 물리적으로 파멸시키지는 않을 것이다. 그러나 이 지구에 사는 모든 사람들, 즉 공격자와 방어자 모두가 원자 전쟁이 불러일으킬 피해를 충분히 인식하지 않는다면, 전쟁을 예방하는 데에 성공하기보다는 앞서 언급된 부정적인 시나리오가 실현될 가능성이 높아 보인다. 인류는 여러모로 매우 심각한 위기에 봉착했고, 다른 사람들은 몰라도 적어도 내가 판단하기로는, 원자 무기를 사용함으로써 얻는 국가적 이득은 실보다 많을 수 없다는 게 자명하다.

원자 무기가 우리에게 보여준, 막대하게 증대된 파괴력은 국가적 이익과 국제적 이익 사이에 존재하는 균형을 뿌리째 뒤흔들었다. 원자 전쟁을 막고자 하는 공동의 노력은 워낙 중요하기 때문에 안녕이나 안보 같은 국익보다 우선시 되어야 한다. 그리고 장기적으로 봤을 때 안전을 보장하기 위해 원자 폭탄을 순전히 국가의 방어 수단으로 의존하는 효과는 대단히 의심스러운데, 이 부분은 이 책의 다른 장에서 자세히 다뤄질 것이다. 우리 국가의 진정한 안전은, 다른 국가들 또한 마찬가지이겠지만, 공동의 노력이 있어야만 바로 설 수가 있다.

만일 국가 안보를 위한답시고 원자 폭탄을 보충재나 두 번째 보험으로 삼는다면, 이러한 노력은 허사로 돌아갈 것이다. 우리는 절실히 필요한 공동의 노력은 기필코 얻어내야 하고, 과거에 국가 안보를 위해 추구했던 조치들은 반드시 포기해야만 한다. 과거에 팽배했던 국가 안보관은 지금과 같은 원자 시대에서는 효과적인 안전 보장 수단이 아니다. 아마도 미래 세대에게는 원자 무기가 전쟁의 본질을 근본적으로 변화시킨 것으로 기억될 것이다. 그리고 이를 통해 원자 무기가 "워낙 혁신적이기 때문에 낡은 사고의 틀에서 생각해선 안 된다"는 것을 역력히 알 수 있을 것이다.

6

원자 시대의
공군

by H. H. Arnold

H. H. 아널드 장군은 1919년부터 미 육군 항공대 소속으로 활동했으며, 1943년 3월부터 1946년 2월까지 미 공군 참모총장직을 맡았다. 이번 장에 실린 글은 그가 공군의 수장으로서 마지막으로 남기는 공식 성명서이다.

"과학 지식에서 비롯된 파괴력으로부터 문명 세계를 완벽하게 지키기 위한 유일한 방법은 전쟁을 미연에 방지하는 것이다."

이는 1945년 11월 트루먼 미 대통령, 애틀리Atlee 영국 총리, 킹King 캐나다 총리가 발표한 공동 선언문 속 한 문장으로, 공군의 파괴력이 굉장히 저렴한 비용으로 손쉽게 사용될 수 있다는 사실을 세 강대국이 단도직입으로 선언한 격이었다. 원자 폭탄이 창조되기 전에도 인간이 모여 있는 곳이 대규모 공습으로 말살되곤 하던 과거가 있기는 했다. 그러나 훨씬 더 증대된 힘으로 광범위한 지역을 별안간 초토화시키는 것이 특징인 원자 폭탄의 등장으로 파괴의 값이 매우 싸졌는데, 그 결과로 문명은 공군력을 통제하는 사람들의 호의와 분별력에 좌우되는 지경에 이르렀다. 오늘날 이 세계에 절실히 필요한 것은 전쟁을 일으킬 수 있는 인간의 능력을 국제적으로 통제하는 힘이다.

그러한 통제가 정립될 때까지 공군은 공군력을 다하여 미국을 보호할 의무를 지닌다. 이뿐만 아니라, 유엔 헌장 조항에 따라 공군은 국제적인 집행 활동을 위한 파견대를 즉각 준비해야 한다. 그리고 책임감을 가지고 최고 방호를 제공하기 위해 만반의 준비를 다해야 한다. 그럼, 이제부터 우리가 직면한 문제를 고찰해 보도록 하자.

공군력의 경제성 원자 폭발물로 인하여 공군력의 본질에서 가장 크게 변화된 것은 파괴 비용 감소 측면이다. 소이탄과 고성능 폭탄이 도시를 완전히 파멸시킨다는 것은 전쟁 초기부터 익히 알려진 사실이었다. 이는 코번트리Coventry(영국의 지방 도시. 독일군의 폭격으로 피해가 극심했다)란 이름만 들어도 생생히 기억날 것이다. 전쟁 기간 동안 전략 폭격의 유효성과 효율성이 대단히 향상되었으며 일본 제국 공격은 군사적 관점에서 봤을 때 굉장히 수익성이 높은 작전이었다. 그런데 원자 폭탄이 등장함에 따라 다른 발전들이 무색해졌다. 이 문제를 금전적 측면으로 접근해 보면 사실이 명확하게 보인다.

B-29의 개발과 사용은 공군의 전략 파괴 기술이 날로 진보하고 있다는 사실을 명백히 보여주는 대표 사례이다. 1945년도 하반기에 제20공

군은 일본의 공업 도시들을 파괴시키는 데에 1제곱마일당 3백만 달러를 소요하였다. 이 비용에는 국내외 지상 지원 단체들에 투입된 금액도 포함된다. 이는 최대한 근사치에 가깝게 계산된 '운영' 비용이다. 원래는 대규모 투자 계획이 마련되어 있었으나, 일본이 항복함에 따라 완료되지 않았으므로 이 부분은 계산에서 제외되었다.

원자 폭탄 제조에 지출된 금액에 대해 공식적으로 발표된 수치는 없다. 그러나 비교 목적으로 대규모 생산 비용을 비공식으로 추산하였을 때 폭탄 한 개당 대략 1백만 달러라는 숫자가 나왔다는 점을 오펜하이머 박사가 언급한 바 있다. 폭격기 한 대와 기상 및 정찰용 비행기 몇 대를 띄우는 데 지출된 비용은 대략 240,000달러였으므로, 당시 폭탄 한 개를 이용하기까지 소요된 총비용은 대략 1,240,000달러라고 할 수 있다. 히로시마 폭탄으로 4.1제곱마일이, 그리고 나가사키 폭탄으로 1.4제곱마일이 파괴되었으니, 폭탄 한 개당 평균 2.8제곱마일을 쑥대밭으로 만든 셈이다. 따라서 이 수단으로 1제곱마일을 파괴하는 데에 드는 비용은 50만 달러도 채 안 된다. 원자 폭격은 재래식 폭격에 비해 경제적 측면에서 못해도 여섯 배나 이득이다.

경제성이 여섯 배가 뛰어나다는 추산은 최대한 적게 잡아 나온 결과이다. 나가사키의 경우, 목표 지역은 지형상 폭탄의 파괴력 대부분이 텅 빈 들판으로 모이도록 되어 있었다. 그리고 나가사키 폭탄은 역사상 세 번째 원자 폭발물(트리니티 실험을 포함하여)이기 때문에 이후 개선되어 나온 모델들은 점점 더 효율성이 높아질 것이 분명하다. 향후에는 현대적인 도시의 1제곱마일을 파괴하는 데에 50만 달러도 채 안 되는 수준이 아니라, 그보다 훨씬 덜 들 것이다.

전략 공군의 목적은 도시 파괴가 아니라 지상군이 성공적으로 침략할 수 있도록 적의 병력 및 저항 의지를 약화시키는 것이다. 이런 작전은 독일에서 성공적으로 수행되었고, 일본에서는 특정 파괴를 추가한 뒤에 상대를 굴복시켰다. 독일에서는 석유와 운송 수단을 향해 과감한 공중 폭격을 펼쳤다. 파괴의 총 가치를 달러로 환산했을 때 실제 피해를 입은 도시들의 피해액에 비하여 지출액은 그다지 크지 않은 편이었는데도 불구하고, 독일 군수를 마비시키고 토지를 정복하는 데에 매우 효과적이었다.

파괴 비용이 대폭 감소된 원자 폭탄으로 적의 군수 산업은 아주 손쉽게 완전히 파멸될 수 있다. 이번에도 달러를 기반으로 요점을 설명하고자 한다. 1923년도 도쿄 지진으로 11,000에이커가 파괴되면서 일본은 27.5억 달러에 달하는 손해를 입은 것으로 추정된다. 따라서 파괴된 땅 1제곱마일당 일본은 1.6억 달러 손실을 입은 셈이다.* 도쿄의 1제곱마일이 가진 가치는 지진으로 무너졌을 때보다 B-29로 파괴되었던 때가 더 높았을 것으로 보인다. 그런데 앞서 언급된 수준의 파괴를 성공시키는 데에 1제곱마일당 대략 3백만 달러가 소요되었으니, B-29 공습의 수익성은 약 오십 배가 높았다고 볼 수 있다. 즉, 일본은 우리보다 비용을 오십 배나 더 들여야 했던 셈이다. 방금 제시된 수치가 두 국가의 상대적인 전쟁 비용을 근사치로 보여주고 있지만, 여기서 반드시

---

* 일본에서 수행된 전략 폭격에 대한 미국의 조사 및 연구가 마무리되는 대로 훨씬 더 정확한 수치를 확인할 수 있을 것이다.

짚고 넘어가야 하는 부분은, 일본에서 벌어진 모든 파괴가 그들의 전쟁 수행 능력에만 영향을 미친 것은 아니라는 점이다. 1제곱마일 파괴로 입은 피해액 1.6억 달러 중에서 전쟁 생산성과 전혀 연관이 없는 민간인의 재산과 기관이 입은 손해의 비중이 상당했다. 반면, 극히 일부인 나머지 피해(약 8분의 1)만이 전쟁 물자가 전략적으로 훼손된 경우인데, 그들은 우리가 피해를 입히는 데에 지출한 비용보다 약 여섯 배나 더 큰 손해를 보았다. 문명사회 전반에 전쟁이 입힌 영향을 비용으로 측정할 때, 섬멸total destruction의 정도가 가장 중요한 요인인데, 앞서 개략적으로 언급된 파괴력을 일으키는 경우 공군력의 경제성은 다른 수단을 이용할 경우보다 오십 배가 높아진다. 더구나 원자 폭발물의 등장으로 파괴력은 경제적으로 최소 여섯 배는 더 올라갈 것이다.* 그러므로 미래 전쟁에서는 공중 공격에 드는 비용 1달러당 적에게 300달러 이상에 달하는 피해를 입힐 것으로 예상된다.

숫자 50과 300 사이의 엄청난 간극 때문에 세계 기관은 공군력을 이용한 물리적 충돌을 없애고자 할 것이다. 어림셈에 불과한 숫자들이지만, 이는 파괴의 값이 이제 너무 싸고 너무 쉬워졌다는 냉엄한 현실을 간결하게 보여주고 있다. 이것은 전쟁의 새로운 국면을 나타낸다. 과거에 지상에서 한 국가가 다른 국가를 공격할 때에는 투입된 병력과 자원에 따라 각각의 손실은 제한이 있었다. 그러나 이제는 원자 폭탄에 노출되는 모든 자원이 영향을 받게 되었다. 과거에는 전쟁으로 국가의 수입 수년치를 잃었다면, 이제는 국가의 수도까지 같이 잃게 될 것이다. 지금까지 달러가 친숙하고 명확하기 때문에 판단 기준으로 이용하

---

* 본 도서 88쪽에서 오펜하이머 박사의 자료를 참고하길 바란다.

여 설명하였으나 정말 중대한 것들, 즉 사람의 목숨, 궁핍하지 않게 살 수 있는 자유, 문명사회를 이루는 여러 가치들이 전쟁으로 위태로워졌다는 것은 굳이 그런 판단 기준으로 강조하지 않아도 명백히 다 아는 사실이다. 어차피 어떠한 경우에도 결론은 똑같다. 공군은 이제 더없이 쉽게 파괴력을 발휘할 수 있게 되었다. 이러한 파괴를 미연에 방지하는 것이 그 무엇보다 중대한 시점이므로, 목표를 성취하기 위해서는 반드시 전 세계가 협력해야만 한다.

공군력의 성장 균형감을 유지하며 이 주제를 바라볼 수 있도록, 오늘날에 이르기까지 공군력의 효율성이 어느 정도로 증대되었는지 고찰해 보고자 한다. 제1차 세계 대전 때에만 해도 공군력의 전략적 역할은 무시해도 될 정도로 미약했다. 전술적인 목적이 주를 이룰 뿐이었다. 그러나 제2차 세계 대전에 이르러서는 유럽에서 지상 방어가 불가능할 정도로 군수를 무력화하는 데에 공군력이 결정적인 역할을 수행하였다. 그리고 일본에서 공군력은 절정에 달하였고, 일본인들은 B-29의 파괴력에 더는 맞서지 않고 결국 항복을 택하게 되었다.

다음은 공군의 폭탄 탑재량을 톤으로 간략하게 나타낸 것이다.

	년도	미국 육군 항공대(USAAF) 탑재량(단위: 톤)
제2차 세계 대전 당시 유럽	1942	6,123
	1943	154,117

	1944	938,952
제2차 세계 대전 당시 태평양	1942	4,080
	1943	44,683
	1944	147,026
	1945	1,051,714[*]
	1946	3,167,316[**]

태평양 전쟁의 절정기에 정작 중요한 부분이 간과된 채로 원자 에너지가 활용되었다. 우리의 B-29 한 대가 히로시마에 원자 폭탄을 투하하기 전, 일본의 군사 정세는 이미 가망이 없었다. 앞서 제시된 이용 예정 폭탄이 일본으로 하여금 늦어도 1946년도에는 마지못해 항복하도록 만들었을 것이다. 원자 폭탄이 일본에 광범위하고 끔찍한 결과를 일으켰지만 이 부분을 완전히 제외하고 본다면, 원자 폭탄이 투하된 덕에 일본 정부는 탈출구를 찾은 셈이다. 사실을 정확히 짚고 넘어가자면, 일본은 이미 제공권을 잃은 후였기에 오래 버티지 못했을 상황이었다. 우리의 폭격이나 공중 어뢰를 효율적으로 방어하는 것도 버거워했던 그들이었기에 도시 및 산업 파괴와 선박 봉쇄를 방지할 여력은 당연히 없었다.

제2차 세계 대전 당시, 접근 방향은 상이하지만 독일의 공군력 또한 날로 진보하였다. 연합군이 공중을 장악함에 따라 독일의 조종사가 잉글랜드에서 폭격기를 효과적으로 이용할 길이 막히게 되자 그들은 대체 공군 무기로 눈을 돌려 제트 추진식 소모성 무인 폭격기 V-1과 성

---

[*] 원자 폭탄을 포함하지는 않는 수치이지만, 1945년 하반기에서 1946년 사이에 이용 계획에 있었던 폭탄의 총톤수는 반영되어 있다.

[**] 상동(上同)

층권 조건에서도 제트 추진이 가능한 V-2를 개발하기에 이르렀다. 그러던 중 프랑스 해안이 탈환되면서 그들은 마지못해 V-1을 버려야만 했다. 그러나 V-1을 사용하던 기간 동안 그들은 이윤을 상당히 많이 남기며 연합군에 피해를 입혔고, 연합군은 독일에 맞서기 위하여 독일의 지출액 대비 몇 배에 달하는 금액을 들여야만 했다.

우리의 공중 공격력이 증대된 데에는 세 가지 요인이 작용하였는데, 이는 미래 계획에서 반드시 유념되어야 하는 것들이다.

1. 규모 증가. 항공기 생산과 육군 항공대 모두 규모가 방대하게 확장되었다. 이러한 사실은 이미 널리 알려졌을 뿐만 아니라 진가를 인정받은 부분이므로 굳이 여기에서 논할 필요는 없는 것으로 사료된다.

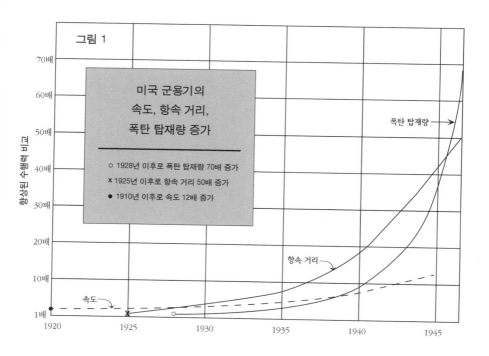

그림 1

미국 군용기의 속도, 항속 거리, 폭탄 탑재량 증가

- ○ 1928년 이후로 폭탄 탑재량 70배 증가
- × 1925년 이후로 항속 거리 50배 증가
- ● 1910년 이후로 속도 12배 증가

항상된 수행력의 비교

폭탄 탑재량

항속 거리

속도

2. 공군력 수단의 질과 효율성 증가. 항공기, 각종 전자 기기, 그리고 단연 으뜸으로 유용했던 폭발물 등등이 공군력 수단에 포함된다. 이 폭발물에는 원자 폭탄도 들어간다. 품질을 높이는 것은 하룻밤 사이에 이뤄지는 일이 아니다. 끈기와 광범위한 노력으로 연구와 개발에 임하여 얻은 결과이다. 품질 개선이 이뤄지자 폭탄을 실은 B-29는 유럽에서 이용된 중폭격기에 비하여 톤당 절반 비용으로 항속 거리가 세 배나 늘어나게 되었다. 〈그림 1〉은 전반적인 설계 진보를 보여주고 있다. 그림에서 각 시점에 이용되었던 항공기의 속도, 항속 거리, 폭탄 탑재량에 해당되는 세 곡선을 보면, 평화로웠던 시기에 완만하게 증가되다가 전시에 엄청난 속도로 가속화되는 것을 알 수 있다.* 이 가속화는 속도가 빨라진 새로운 모델들이 생산되기 시작했다는 사실뿐만 아니라 연구와 개발에 어느 정도로 힘을 쏟아부었는지를 명료하게 보여주고 있다. 만약 전쟁 전에 이러한 연구 개발 프로그램이 이뤄졌었더라면, 새로운 전투기가 진작 등장하여 많은 미국인의 목숨을 구했을 것이다. 이를 통해 평화로운 시기라도 연구를 게을리 해선 안 되며 전운이 감돌 때를 늘 대비해야만 한다는 교훈을 배울 수 있다. 더군다나 이제는 원자 무기로 무장된 전쟁에 직면할 수 있게 되었으니 더더욱 유념해야 하는 사항이다.

---

* 기존에 설계된 기종들의 특징을 개선하긴 하였지만, 진주만 이후에 강화된 연구 개발이 전투에 새로운 기종을 도입시킨 것은 아니다. 전투에 이용된 모든 기종들은 우리가 세계 대전에 참전하기 전에 설계된 것들이다.

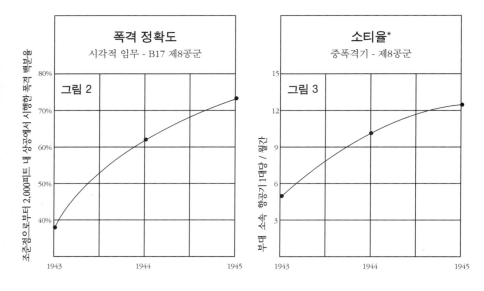

3. 공군 무기 사용의 효율성 증가. 훈련 프로그램 개선과 전투 무기 사용법 습득으로 전투 효율성이 막대하게 증대되었다. 그 결과, 시각적 폭격에서 목표물에 적중한 폭탄 밀도(그림 2 참조)가 1943년에서 1945년에 이르며 거의 두 배가량 상승했다. 이것이 가능했던 이유는 기량이 양성된 것에 더하여 독일군의 힘이 약화되면서 공중 지배력이 높아진 덕이었다. 각 항공기당 비행은 1943년에서 1945년에 이르며 두 배 이상 상승했다(그림 3 참조). 이 수치가 증가된 이유는 정비와 대규모 임무 수행 조직 측면을 포함하여 다방면에 걸쳐 상황이 전반적으로 개선되고 적의 저항력이 약화되었기 때문이다.

---

* Sortie Rate: 일정 기간 동안 항공기 한 대가 수행한 전투 임무의 수.

공군력의 미래 제2차 세계 대전이 끝나기 전, B-29 한 대가 투하한 원자 폭탄이 일으킨 피해는 이전에 항공기 300대가 수행했던 것에 맞먹었다. 즉, 제20공군이 원자 폭탄 투하로 공습 하루 안에 일본 산업에 끼친 파괴력은 B-29 군사 작전 전체를 다 합친 것보다 규모가 더 컸다. 원자 폭탄 이전에 일본의 예순여덟 개 도시가 공격을 당함에 따라 해당 산업 지역의 42퍼센트 이상이 피해를 입었다. 이들 도시의 인구는 총 2,100만 명 이상으로 미국의 12대 도시 인구수를 합친 숫자와 비슷했다. 거듭 말하건대, 제20공군 규모의 병력이면 단 하루도 안 걸려 이러한 피해를 일으킬 수 있다. 오펜하이머 박사의 비공식 추산에 따르면, 대규모 생산을 기반으로 원자 폭탄 제조에 드는 비용은 2억 달러 미만인데, 이는 전시 지출액치고 상당히 적은 편이다. 며칠, 혹은 몇 주간 이 전략을 지속적으로 수행하였다면, 일본 제국의 모든 산업 중심지가 흔적도 없이 사라졌을 것이다. 그리고 독일이 V 무기 대신 원자 폭발물을 손에 넣었다면, 잉글랜드 역시 일본과 유사한 운명에 직면했을 것이다.

이제 B-29가 8,000마일 이상 거리를 무착륙 비행하는 것이 가능하게 되었다. 머지않아, 한 번 실은 연료로 편도 10,000마일을 비행하는 것이 가능한 항공기가 새롭게 등장할 것으로 보인다. 이러한 사실의 전략적 중요성은 지도에서 특정 지점을 중심으로 범위를 그려보면 단번에 명백히 알 수 있다. 북반구에서 별로 중요하게 여겨지지 않는 지역을 제외하고 문명사회의 중심 국가들이 서로 어느 주요 국가의 손에 파괴될지도 모르게 되었다.

미래를 살짝만 내다봐도, 우리에게 V-2 로켓 개발이 시급하단 사실을 알 수 있다. 구성 요소의 대부분이 연료로 이뤄진 로켓을 제작함에 따라 독일은 시속 3,400마일로 200마일 항속 거리를 비행하며 잉글랜드에서 작전을 수행하였다. 이 로켓의 무게는 14톤에 달했고, 폭발물을 단 1톤만 운반했다. 독일은 물체를 등에 실어 나르는 원리로 항속 거리가 더 긴 로켓을 설계 중이었다. 소형 로켓을 싣고 비행하는 이 대형 로켓은 시속 2,500마일에 이른다. 바로 이 시점에서, 소형 로켓이 대형 로켓에서 분리된 뒤 시속 5,800마일로 스스로 500마일을 이동한다. 이 복합 로켓은 무게가 110톤에 달하고 1톤짜리 폭발물을 나를 수 있다. 날개가 달린 로켓을 설계할 경우 V-2가 매끄러운 탄도를 그리며 항속 거리 300마일까지 비행하고, 100톤급 로켓은 3,000마일까지 늘릴 수 있을 것으로 예상되고 있다. 이토록 경이로운 항속 거리 증가는 탄도에 기반을 두고 있는데, 로켓이 낮은 대기권에서 성층권으로 연달아 (마치 물수제비처럼) 튀어 올라 활공으로 마무리 짓는 방식이다. 이러한 기술을 2단 이상 로켓으로 확대한다면 탑재량 비율을 점진적으로 줄여 항속 거리를 무한으로 늘리는 것이 가능하다. 그러나 특정 목표지를 효율적이고 경제적으로 파괴하지 못한다면, 항속 거리 증가만으로는 전략적 측면에서 가치가 있는 성취라고 평가할 수 없다.

지정된 도착지까지 로켓으로 폭발물—또는 평시에는 우편물, 짐, 승객—을 운반할 때에는 총처럼 처음부터 목표물을 겨눈다고 해서 적중되는 것이 아니다. 대신 로켓은 성층권을 비행하는 동안 목표지를 향해 정확하게 조준되고 유도어야만 한다. V-2의 경우에는 초반 비행 66

초 동안에만 유도하고 통제하는 것이 가능한데, 이 시간 동안 로켓은 12마일을 상승한다. 200마일 거리에서 발사하는 경우 평균 오차 4마일이며, 이는 런던과 같은 대도시를 폭파하기에는 만족스러운 수치이다. 그러나 동일한 제어 수준으로 3,000마일 거리에서 발사하는 경우에는 평균 오차가 50마일로 늘어나는데, 달리 표현하자면, 로켓 600대 중 단 한 발만이 워싱턴 규모의 도시를 공격할 수 있다는 뜻이다.

로켓을 목표지에 명중시키기 위해서는 두 가지가 반드시 선행되어야 한다. 첫째, 로켓이 목표지를 타격하는 데 필요한 수정 궤도를 찾아야 한다. 둘째, 거기에 맞게 로켓의 경로를 조정해야 한다. 통제소에서 레이더 원리에 기반을 두고 현재 이용하고 있는 방식은 100마일 거리에서는 1마일 정확도로, 600마일 거리에서는 2마일 정확도로 첫 번째 요구 조건을 만족시킨다. 방향을 찾고 로켓을 인도하는 이런 기본 원리를 바탕으로 계속 개발한다면, 장거리 명중률은 상승할 것으로 보인다. 로켓의 비행경로 조정에 관하여 말하자면, 성층권 비행 시 날개 없는 유형은 로켓 제트로 방향을 바꾸고, 활공과 물수제비 유형은 기존 조종익면을 사용하여 바꾸면 된다. 지금 로켓에 대해 할 수 있는 말은, 항공기의 특징이 개선되어 온 것과 마찬가지로 로켓에 대한 연구와 개발이 지속된다면 기능이 장차 개선되리란 것이다.

원자 폭탄이 등장하기 전까지만 해도 폭발물 하중에 비해 본체의 중량 비중이 높다는 사실과 이에 따른 비용 때문에 장거리 로켓은 그다지 위협적인 존재가 아니었다. 심지어 2단 로켓의 경우, 1제곱마일을 파괴하는 데에 드는 비용이 적게 가하는 피해액을 초과하는 수준은 아니지만, 손익분기점만 간신히 넘기고 있는 실정이다. 그러나 원자 탄두를 사용한다면, 운반 수단 비용이 과도하게 드는 것도 아니고, 파괴력이 총비용을 압도적으로 초월할 터이므로 극도로 정교한 유도 제어 장치에 고비용이 소요된다고 하더라도 이를 비효율적이라고 평할 순 없다.

전쟁 기간 동안 우리는 V-2를 방어하기 위한 해결책을 찾지 못하였다. 비록 이론상 지상 발사 로켓으로 차단이 가능하다고는 하지만, 현실적으로는 이 문제를 극복하려면 수년이 더 걸릴 것이다. 반면 등에 태우는 로켓이나 다른 진보된 공격 무기를 개발하는 데에는 시간이 훨씬 절약될 것으로 보인다.

제트 추진 또한 미래로 나아갈 수 있는 또 다른 이정표이다. 프로펠러로 인한 제약들이 사라지고, 기존 항공기와 미래 개발물의 속도와 고도는 높아질 것이다. 항공기 성능 중 가장 심각한 제약은 항공기가 음속에 접근하면 발생하는 압축성 현상이다. 속도의 상승 곡선(그림 1 참조)이 다른 곡선들보다 인상적으로 보이지 않는 이유에 이 현상이 한몫하고 있다. 이제 제트 추진식 항공기가 현실로 다가왔으니, 음속은 더 이상 극복 불가능한 제약이 아니며 수년 내로 성층권에서 초음속 비행이 가능한 항공기 개발이 가능할 것으로 예상된다. 이러한 항공기를 기반으로 만드는 무인 무기는 최소한 V-2 개발에 필적할 만한 잠재력을 가질 것이다.

미래의 필수 사항 공군 무기의 항속 거리, 속도, 파괴력이 증대되는 미래에는 단순 방어만으로는 적절한 보호가 어렵다. 우리의 방어는 반격이 되는 수밖에 없으므로, 만반의 준비를 다하여 받은 만큼 갚아 주거나 본때를 보여줘야만 한다. 우리의 산업을 파멸로 이끌려는 침략자를 마주하고도 좌시한다면, 우리의 패배는 불 보듯 뻔하다. 그러므로 우리의 첫 번째 방어는 적에게서 가장 강력한 공격을 당한다고 하더라도 복수할 수 있는 능력을 기르는 것이다. 이 말인즉슨, 충분한 무기 수량이 전략적으로 미리 배치되어 있어야 우리의 공격 가능성 때문에 적이 우리의 산업을 치러 오지 않을 것이란 뜻이다.

역공이라는 방어 수단을 선택하는 순간, 전반적으로 암울한 상황이 펼쳐질 수밖에 없다. 원자 무기로부터 우리를 보호하기 위한 좋은 방법은 모두의 사용을 막는 것이므로 어디에서든 원자 폭탄을 사용할 수 없도록 강력한 통제와 보호 장치를 마련해야 한다. 이는 우리 문명사회의 가치를 지킬 수 있는 유일한 희망의 길이다. 그러나 이 자리에서 나의 의무는 이러한 통제가 부재할 경우, 미국 공군이 어떠한 방침을 따라야만 하는지 되짚는 일이다. 그리고 이것은 평화를 사랑하는 미국인이라면 누구나 따라야 하는 엄숙한 의무이다.

침략 가능성이 존재하는 한, 침략을 예견하는 데에 전력을 다하고, 침략 저지를 위한 대책을 마련해야 한다. 가까운 장래에 공군의 공격력은 방어력을 능가하고 거의 모든 단계의 파괴가 가능해질 터이므로, 공격으로부터 자국을 보호하는 수단을 가장 먼저 개발하는 국가가 파멸을 당하지 않고 원자 전쟁을 일으킬 수 있는 최초의 위치에 서게 될 것이다. 그러므로 어떠한 잠재적 침략자도 국방 측면에서 우리를 앞지르게 놔둬선 안 된다. 그리고 장차 폭격 경보, 탐지, 저지가 가능할 수 있도록 전략을 세우고, 무인 무기를 개발해야 한다.

굉장히 중요한 소극적 방어 중 한 가지는 전시 주요 산업을 분산시키거나 지하에 매설하는 것이다. 우리 국가는 다행히 산업을 온전히 지키고 종전을 맞이하였으나, 현재 주요 국가들 중에서 산업이 가장 덜 분산되어 있는 실정이다. 다른 국가들은 전쟁을 겪는 동안 이미 분산시켰거나 파괴된 산업을 재건하면서 분산시킬 계획을 세우고 있다. 이런 분산은 두 종류로 구별 지어 볼 필요가 있다. 한 가지는 조직의 치명적인 와해를 방지할 수 있는 방법으로, 상대적으로 적은 수의 원자 지뢰를 주도면밀하게 배치하는 것이다. 이것은 공개적 적대행위가 드러나기 전에 먼저 수행되어야 한다. 또 다른 하나는 우리를 상대로 침략을 감행하려는 국가에 반격이 가능하도록, 산업을 미리 충분히 분산해 두는 것이다. 그러나 원자 무기 이용이 가능해진 세계에서 '보편적인' 분산과 요새화 프로그램 착수는 타국에 위협으로 작용될 것이다. 어디선가 이러한 행보가 시작된다면, 역사상 겪지 못했던 대대적인 땅파기 시합이 벌어질 테고, 진정한 세계 대전이 벌어지고 말 것이다.

그러나 우리는 원자 전쟁에만 만반의 준비를 할 것이 아니라—처음에는 이 표현이 의아하게 들릴지 모르겠지만—어떠한 도시에서도 원자 폭탄의 폭발 기운을 느낄 가능성이 없는 전쟁에도 대비해야만 한다.

미래 전쟁에서는 원자 폭탄으로 폐허가 되는 도시가 없을지 모른다는 가능성은 원자 무기가 가져올 막대한 파괴력이 원자 무기에 대한 혐오감을 불러일으키기 때문에 절대로 사용될 리가 없다는 믿음에 기반한 것이 아니다. 효율성이 뛰어난 전쟁 무기를 오랫동안 묵힌 사례는 단 한 번도 없었다. 정확히 짚고 넘어가자면, 원자 폭탄은 이미 일본에 파멸을 가져왔다.

지상 병력에 파괴되곤 하였던 과거에는 피해가 대부분 일방적이었고, 어느 쪽이 우위를 점하든 간에, 보복을 걱정하며 파괴를 일삼지는 않았다. 그러나 로켓 같은 공군 무기 사용으로 방어는 소용없어지고 원자 폭발물로 저렴한 파괴가 가능해졌으므로, 미래에는 침략자가 적국의 도시를 파괴할 경우 자국의 도시 또한 파괴될 것을 염두에 두어야 하는 수밖에 없다. 적국뿐만 아니라 자국의 도시와 시민 또한 피해를 보게 될 것이 뻔하기 때문에 양측 누구도 먼저 원자 공격을 시도할 엄두도 내지 못할 것이다. 이뿐만 아니라, 상대 국가의 산업과 경제를 장악하여 부를 축적할 목적으로 침략 전쟁을 계획하는 국가의 경우에는 약탈하고자 하는 것을 잃지 않기 위하여 원자 폭격을 보류할지도 모른다.

전쟁 역사에 파괴 보류 선례가 존재한다. 유럽 내 가스 사건이 대표적인 사례이다. 연합국과 추축국 양측 모두 가스를 사용하지 않았는데, 독일의 경우에는 자국에도 가스 공격이 자행되는 상황을 원치 않았던 것이 어느 정도 영향을 미쳤다. 비파괴의 또 다른 사례로는, 다소 상황은 다르지만, 파리와 로마 등등의 비무장 도시들도 있다. 또 다른 관련 사례로 스위스도 있다. 추축국이 아님에도 불구하고, 스위스는 그들에게 공격을 받지 않았는데, 이탈리아와 독일이 석탄 등등의 물자를 운송하는 길로 이용하던 스위스 내 철도 터널을 스위스가 스스로 파괴함으로써 앙갚음을 할 수 있는 위치에 있었던 것이 일부 이유로 작용하였다.

앞서 제시된 주장은, 모든 국가가 원자 무기를 보유하면 보복이 두려워 어느 누구도 사용하는 일이 없으리란 확신을 갖고 안심하자는 뜻이 아니다. 위의 주장을 통해 말하고자 하는 바는, 원자 폭탄을 이용할 경우 양측 도시가 모두 괴멸될 수 있다는 점 때문에 갈등이 교착 상태에 빠질 '가능성'이 존재한다는 것이다. 전시 대비, 바로 이것이 원자 무기 시대의 중심이 되어야 하지만, 그 중심에 오직 원자 무기 '달랑 하나'만 있어서는 '절대' 안 되며, 육군, 해군, 공군 측면에서 제대로 된 고려가 이루어져야만 한다. 전군의 균형을 유지해야 하는 또 다른 이유로는 대규모 원자 파괴가 이루어진 후에도 전쟁이 해결되지 않고 부분적으로 원자 무기를 이용한 갈등은 지속될 가능성이 높기 때문이다.

질병을 확산하는 생물전이 원자 전쟁과 유사한 위치에 설 수 있으므로 이를 같은 맥락으로 보는 것이 옳다.

미래에 공군이 임무를 수행할 수 있도록, 우리는 반드시 다음과 같은 조치를 취해야 한다.

1. 원자 무기와는 별개로, 원자 폭발물과는 별개로, 공군은 가장 효율적인 최첨단 공군 무기와 숙달된 인재를 완비하고, 최신 정보 입수에 능통해야 한다. 몇 주 혹은 며칠에 걸쳐 동원되는 병력이 아니라, 우리의 존재 자체만으로도 반격이 될 수 있어야만 한다.

2. 관계 악화 혹은 공격 임박 시 미리 인지할 수 있도록, 광범위하고 효율적인 정보기관의 존재가 필요하다.

3. 세계 일류 장비를 완비하기 위해 충분한 연구와 개발이 필요하다. 이 부분에 관하여 각별히 주의가 요구되는 것은, 우리가 성취하고자 하는 바로 그 목표를 진정으로 실현하길 바란다면, 보안 규정을 빌미로 과학자들을 구속함으로써 미래 위급 상황 시 대처가 힘든 상황을 만들어선 절대 안 된다는 점이다.

4. 군수품 생산이 신속하게 확장 가능하도록 산업을 견실하게 키워야 한다.

5. 전면전이라는 새로운 개념에 맞춰 국방 기관을 통합해야 한다.

6. 전략 기지를 세워야 한다.

지금까지 내 역할과 의무에 맞는 관점을 바탕으로 분석하였다. 국제적 통제와 안전장치가 아직 제대로 마련되지 않은 상태이므로, 공군은 미래 전쟁에서 국가를 수호할 수 있는 만반의 준비를 갖춰야 하기 때문이다. 또한 기존에 인간이 고안해 낸 치명적인 도구들에 비하여 원자 폭발물이 어떠한 차이점을 가지고 있는지 현실을 바탕으로 고찰하였고, 이를 통해 우리는 장차 전쟁이 얼마나 흉악무도하게 전개될지 알게 되었다. 나는 앞서 가정으로 제시한 미래 전쟁에서 침략자가 원자 폭탄 사용을 삼갈지도 모른다는 가능성을 제시하였다. 거듭 강조하건대, 재래식 폭탄은 경제성이나 효율성이 한참 떨어진다 하더라도 개발이 계속 이뤄질 것이며, 전쟁이 발발할 경우 그것만으로도 세계를 파멸로 이끌기에 충분하다. 원자 폭탄이 머리 위에서 비처럼 퍼붓게 될 것이라고 예상하든, 오직 일반적인 고성능 폭발물만이 우리의 도시들을 강타할 것이라는 실낱같은 희망을 품든, 무기의 전쟁 수행 능력이 지나치게 크므로 전쟁은 결단코 재개되어선 안 된다는 사실을 전 세계인이 반드시 깨달아야만 한다. 그리고 국제 협력을 통하여, 우리는 모든 전쟁을 영원히 종식시켜야만 한다.

방어는
불가능하다

by Louis N. Ridenour

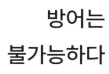

> 루이스 N. 리데노어는 메사추세츠 공과대학교 방사선 연구소에서 여러 종류의 레이더 개발을 총괄했다. 1944년에는 유럽에서 스파츠(Spaatz) 장군의 휘하에 레이더 기술 전문 참모로 활동하였다. 올해 귀국한 그는 현재 펜실베이니아대학교에서 물리학 교수로 재직 중이다.

이번 장은 6장에서 설명된 수단을 통해 원자 폭탄이 운반되어 폭격이 벌어질 경우에 과연 적극적인 방어가 가능할지 여부를 주제로 다룰 것이다. 이 주제를 다루기 위한 방법으로, 지난 전쟁에서 적극적 방공에 대하여 우리가 깨달은 것을 미래에 투영해 보고자 한다.

반드시 가장 먼저 고려해야 할 사항은 과연 폭탄을 격추하여 무력화하는 것이 필연적인가 여부이다. 폭탄이 폭발하지 않도록 사전에 저지하거나 목표지에서 아주 멀리 떨어진 위치에서 터지게 하여 아무도

해를 입지 않게 하는 방법은 없을까? 미국 하원 해사 위원회House Naval Affairs Committee를 포함하여 여러 관련 당국들이 지금까지 발표한 공개 성명에는 이러한 희망이 담겨 있다.

그러나 이러한 부류의 성명서들은 우리로 하여금 현 상태에 안주하도록 유도하므로 굉장히 위험하다. 원자 폭발물이나 원자 폭탄에 대응할 수 있는 방법은 전무하다. 심지어 티엔티나 흑색 화약과 같은 구식 화학 폭발물에 맞설 방어책도 없는 실정이다. 원자 폭발물을 포함한 모든 폭발물은 다소 단순하면서도 변조가 방지된 기폭 장치에 의해 폭발한다. 이는 박식한 관련 당국이 이미 충분히 밝힌 부분이지만, 거듭 언급되어야 마땅하다.

성명을 낸 당사자들에게는 애초에 오도할 의도가 일절 없었겠지만, 많은 성명서들이 사람들로 하여금 희망 가득한 대응책이 있다고 믿게 만들고 있다. 이는 당사자들이 현 사태를 불완전하게 이해하고 오인하고 있기 때문이다. 그들의 논거는 바로 다음과 같다. 폭탄의 기폭 장치, 폭탄을 운반하는 본체의 조종 장치, 또는 폭탄에 연결된 다른 중대한 장치가 특정 형태를 띠고 있다고 추정하기 때문이다. 그러므로 이 장치의 작동을 방해할 방법을 고안하면 된다는 것이다. 여기서 대응책 창안자는 적이 예상과 전혀 다른 형태의 장치를 이용할 경우 그 방법이 무용지물이 되리란 것을 아무래도 새까맣게 잊은 눈치이다.

구체적인 사례가 이해에 상당한 도움을 주리라 믿는다. 이미 발표되었다시피, 일본에 투하된 원자 폭탄은 약 1,500피트 상공에서 폭발되도록 계획되어 있었다. 기폭 장치는 특정 고도에 해당하는 기압에서 닫히도록 설정된 기압 스위치, 혹은 레이더 고도계에 연결되었던 것으로 보인다. 레이더 고도계는 전파를 보내 지표면이나 해수면에서 반사되어 오는 시간을 계산해 고도를 측정하는 장치이다. 만약 적이 레이더 고도계를 장착한 폭탄을 우리에게 사용한다고 가정할 때, '어쩌면' 방해 전파를 보내 설계자가 정한 고도보다 높은 위치에서 폭탄이 터지도록 유도할 수 있을는지도 모른다.

그러나 군수품 전문가는 이러한 상황을 대비하여 심혈을 기울여 안전 장치를 설계하므로, 폭탄이 운반 장치의 투하실 내에 있는 동안에는 폭발할 가능성이 전무하거니와 고도계에 설정된 고도보다 한참 높은 곳에서 터질 가능성을 기대하기란 어렵다. 이러한 장치들은 폭탄과 포탄이 안전하게 보관될 수 있도록 설계되어 있기 때문에 항공기에서 투하되거나 포신에서 발사되고 꽤 긴 시간이 흐르기 전까지는 작동될 리가 만무하다. 포탄과 폭탄을 목적지까지 운반해야 하는 포병이나 조종사가 위험에 처할 염려 없이 안전하게 다룰 수 있도록 고안된 안전장치가 상대편의 책략을 무력화시키는 역할까지도 한다. 그러므로 조기 폭발을 유발하여 노력을 허사로 만들려는 계획은 소용이 없다.

어쨌거나 폭탄은 어느 고도에서든 폭발할 수밖에 없고 그에 따른 피해가 있기 마련이므로 레이더 고도계에 겨냥된 대응책의 효과는 극히 미미한데, 이 사실보다 더욱 유의 깊게 보아야 할 점은 우리에게 비협조적인 적에게는 무슨 수를 쓰든 간에 우리의 대응 수단이 전혀 통할 리가 없다는 것이다. 만일 그들이 레이더 고도계가 아니라 기압 고도계를 이용한다면, 우리는 두 손을 놓고 망연자실한 채로 쳐다보기만 하는 수밖에 없다.

단순하고 단도직입적인 사고 습관은 대응책에 여지를 주지 않는 무기 설계로 이어진다. 직접 저지하지 않는 한, 그 어떠한 대응도 불가능하도록 만들어진 비행 폭탄 V-1이 적절한 예이며, V-2의 경우는 훨씬 더 좋은 예라 할 수 있다. V-1은 발사된 후 자기 나침의에 조종되어 목표지를 향해 나아간다. 그리고 기압 고도계를 이용하여 정해진 고도에서 비행을 유지한다. 이것에는 자동 조종 장치와 발사 후 필요에 따라 완만하게 선회할 수 있도록 유도하는 수단이 있는데, 전자는 단순하고 투박한 자이로 장치로, 그리고 후자인 선회 메커니즘은 시계태엽 장치로 작동된다. V-1의 잔해에서 무선 통신 장치의 파편이 일부 발견된 뒤 영국 측에서는 독일이 무선 제어를 이용한다는 사실을 알아내게 되었고, 대응할 수 있으리란 희망이 곧이어 생겨나기 시작했다. 그러나 오판이었다. 무선 파편은 단순한 송신기에서 나온 것이었다. 독일이 폭탄의 일부분에 넣은 부품이었는데, 이는 무선 방위 탐지국들로 하여금 영국 해협의 연안을 따라 항로를 계획하고 잉글랜드 전역의 바람 상태 정보를 수집할 수 있도록 하는 역할을 수행할 뿐이었다.

다운스^{Downs}에 거대한 자기 코일을 깔아 지구의 자기장을 변화시킴으로써 V-1의 자기 나침의에 영향을 끼쳐 미사일의 방향을 바꾸자는 제안도 제기되었다. 그러나 자기장을 충분히 변화시키기 어렵다는 계산 결과가 나온 것도 모자라, 역시나 비협조적인 독일인들은 나침의가 강력하게 편향되는 경우에 부드럽게 선회할 수 있도록 V-1을 개조하였다. 상황이 이러하니, 옛날 방식으로 전투기와 대공포를 이용하여 V-1을 격추하는 방법 외에는 딱히 별 수가 없었다.

이 사실에 이미 낙담했던 대책 전문가들은 V-2의 특징에 더욱 맥을 못 추게 되었다. 시험용으로 발사된 V-2의 파편이 스웨덴에 떨어졌고, 우리는 그것을 통해 V-2에 대한 정보를 처음으로 자세히 얻게 되었다. 보존이 다소 잘 된 잔해에서 무선 장치가 발견되었다. V-1을 상대로 사용되었던 전투기와 대공포가 훈련된 매나 활과 화살 수준으로 비효율적이었던 상황이었기에, 무선 장치 발견은 V-2가 무선으로 조종된다는 뜻일지도 모른다는 희망 섞인 추측으로 이어졌다. 전파 방해와 대응책 여지를 주는 무선 조종은 방어 가능성을 보여주는 유일한 길이었다.

이윽고, V-2가 런던에 떨어지기 시작했다. 대책 요원들은 발사지 부근에서 무선 조종 신호를 포착, 식별, 연구할 목적으로 오랫동안 목숨을 담보로 굉장히 아슬아슬한 비행을 하며 갖은 고생을 다하였는데, 이는 향후 전파 방해를 위한 예비 단계였다. 그러나 무선 조종은 없었다. 독일인들은 단순하게 목표 지점을 향해 V-2를 발사하고 그저 성공을 기원했을 뿐이었다. 전쟁에서 승리하지 않는 한, 방어 방법은 전무했는데, 천만다행으로 전쟁이 종식되었다. 그러나 V 무기에 원자 탄두가 달려 있었다면 상황은 완전히 달라졌을 것이다.

머나먼 곳에서 광선이나 에너지를 쏘아 미사일을 파괴하는 만화를 통해 대중의 상상력을 엿볼 수 있다. 대충 계산해 봐도, 이러한 수단으로 미사일 한 기를 파괴하려면 해당 시설이 위치한 구역 내 동력은 고갈될 것이 뻔하다는 결론을 내릴 수 있다. 그러한 부류의 광선이나 에너지로 하나의 발사체를 처리할 수 있느냐 없느냐에 관한 엄중하고 현실적인 문제보다 더더욱 심각한 난제는, 침략이 이뤄진다면 대규모 공습을 당할 가능성이 높은데 우리로서는 대처가 절대로 불가능하다는 명백한 사실이다.

화학 폭발물 공격에 대처하기 위해 지난 반세기 동안 부단히 노력했지만, 광선이든 어떠한 장비로든 무선으로 원거리에서 폭발물을 폭발시키는 기술을 개발한 이는 단 한 명도 없다. 그리고 원자 폭발물을 막을 수 있는 기술 또한 발견될 가능성은 희박할 것으로 예상된다.

원자 폭탄에 관한 전반적인 모든 지식을 고려할 때, 이것을 방어할 만한 대응책은 전무하다.

이로써 우리는 원자 폭탄 운반 기기를 대상으로 적극적인 방어 태세를 갖추는 문제에 직면하게 되었다. 레이더로 운반 기기를 감지하고 경로를 추적해야 하며 변수와 미래 행보를 예측할 뿐만 아니라 목표 지점에 위험하리만치 가까이 다가오기 전에 요격 미사일을 이용해야 한다. 그렇다면 소리 소문도 없이 벌어질 원자 폭탄 공격에 대비가 되도록, 적극적인 방어 태세가 갖춰질 가능성은 얼마나 될까?

그럴 가능성은 극도로 희박하다. 그 이유를 파악하기에 앞서, 우리에게 절실히 필요한 방어의 특성을 짚어 보아야 하는데, 이를 위해서는 먼저 과거 전쟁 경험 지식과 먼 미래의 전쟁에서 이용될 만한 신기술에 대한 정보를 바탕으로 방어를 예측할 수 있어야 한다. 수반되는 문제는 탐지, 식별, 항로 예측, 그리고 저지, 이렇게 크게 네 부분으로 나뉜다.

어떠한 가시 상황에서든 가장 신뢰할 수 있는 도구로는 아직까지 단 한 가지밖에 없으므로, 탐지는 무조건 레이더로 이뤄질 것이다. 우리가 전쟁을 종식시키는 데에 큰 도움을 줬던 수색 레이더는 200마일 정도 떨어진 거리에 있는 단 한 대의 중폭격기도 찾아낼 수 있었고 고도 40,000피트까지 탐지가 가능했다. V-2 로켓에서 파생된 고각 발사 무기를 반드시 탐지해야 하므로 원자 무기 방어를 위한 레이더 장비의 수색 범위는 상공 전체로 넓혀야 한다. 그리고 동일한 이유로, 미국의 해안과 국경 주변에만 레이더를 설치하는 것으로는 역부족이다. 세인트루이스 같은 지역도 방어하기 위해서는 근방의 레이더 시설을 이용해야 한다. 내륙에 레이더 시설이 존재하지 않는다면, 아치형 탄도를 그리는 장거리 로켓이 수백 마일 고도로—즉, 포착이 극도로 힘들거나 불가능한 고도로—해안을 가로질러 날아와 내륙의 목표물에 안착할 것이다.

현재의 기술로 V-2 규모의 미사일을 약 200마일 범위 내에서 레이더로 탐지하는 것이 불가능하지는 않지만, 이 운반 장치가 초음속 유선형으로 날아온다면 레이더에 포착되지 않을 것이다. 미국 내 전역을 탐지하려면, 장거리 수색 레이더 시설 대략 250곳을 스물네 시간 내내 가동해야 한다. 정비 중에도 탐지가 가능하고 탐지 범위를 충분히 감당하기 위해서는 각 시설에 레이더가 다섯 대씩은 필요할 것으로 추정된다. 각 시설에 요구되는 인원수는 약 200명 정도이다. 또한 시설 한 곳당 장비 비용은 약 1.5백만 달러가 소요될 것으로 추정된다. 그러므로 이러한 시설들을 갖추기 위하여 3.75억 달러 이상을 지출하고 약 50,000명에 달하는 인력을 채용해야 한다. 이렇게 해야만, 비행 중인 항공기와 미사일을 상당히 높은 신뢰도로 탐지하는 것이 가능해진다.

우리는 이제 까다로운 문제에 직면하게 되었는데, 어떻게 보면 배가 불러 생긴 일종의 부작용이라고 볼 수 있겠다. 그 문제는 레이더가 아군과 적 모두를 똑같이 탐지하기 때문이었다. 지난 전쟁 때 연합국의 모든 선박과 항공기에 탑재할 목적으로 특별 레이더 비컨radar beacon을 만들었는데, 이는 특정 질문에 암호로 응답하는 장치였다. 이를 일컬어 IFF^{Identification of Friend and Foe}(피아 식별 장치)라고 한다. 그러나 이 작전은 망신스럽게 실패하였다. 유럽 전역에서 이 장치를 사용하는 데 심각한 어려움을 겪었던 탓에 노르망디 상륙작전 디데이 이후로는 특수 임무를 맡았던 소수 항공기들을 제외하고는 이용을 완전히 끊을 정도였다. 그래도 항공기 밀도가 낮은 편이었던 태평양에서는 계속 이용되었으나 정작 필요성이 절실했을 때에는 IFF가 제 구실을 하지 못하였다. 전시 IFF의 주요 난관은 교통량이 극심할 때, 즉 단 하나의 레이더 세트에 항공기 여러 대가 동시에 등장할 때 발생하였다.

장차 방어력을 강화시키기 위해서는 훨씬 더 심각한 교통 체증에도 효율적으로 운영이 가능하고, 신속하고 확실한 결과를 도출하며, 잠재적인 적에게 결코 속아 넘어가지 않는 IFF 시스템이 레이더 수색과 경보 네트워크를 뒷받침해야 한다. 이중에서 마지막 요건이 가장 어려운 부분이다. 누구나 보편적으로 사용할 수밖에 없는 장치인지라 모든 잠재적인 적들도 금세 이것의 원리, 세부 설계 내용, 사용 규정을 익힐 수밖에 없기 때문이다. 그래도 이러니저러니 해도, IFF는 아군과 적을 구별하는 데에 굉장히 유용하게 쓰일 수 있으므로 반드시 활용되어야만 한다.

정해진 항로로만 다니도록 제한하고 바로 그 항로 안에서 적용되는 교통 법규를 집행함으로써 레이더 기지에서 항공기 활동을 예의 주시할 수 있다. 그러나 제아무리 기발한 장치로 식별에 힘을 쏟는다 해도 미래에는 항공 교통량이 방대하게 증가할 터이므로 결국은 식별이 가장 큰 문제로 자리 잡게 될 것이다.

그렇다 해도, 원자 미사일이 목표지에 도착하려면 아직 일이백 마일은 더 남았을 때 그것을 탐지하고 상대가 아군이 아니란 사실을 일찌감치 인지할 수 있는 기회를 얻으려면, 레이더와 IFF 시설에 국가 측면에서 막대한 투자가 이뤄져야만 한다. 이제 우리는 미사일이 목표지에 위태로우리만치 가까워지기 전에 어떻게 파괴하면 좋은가에 대한 문제에 직면하게 되었다. 지난 전쟁에서는 유인 전투기나 포탄으로 공중을 방어하였다. 유인 전투기든 포탄이든, 적의 항공기 요격에 앞서 항로 예측이 선행되었는데, 이는 지나온 항로에 대한 정보를 바탕으로 항공기가 나아가고자 하는 길을 예상하는 것이었다. 대공포 반격의 경우에는 포대의 전기 컴퓨터electrical computer로 항로를 예측하였다. 그리고 전투기로 반격하는 경우에는 시야가 확보된 조종사 혹은 지상에서 적과 아군의 레이더 작도를 담당하는 감시자가 항로 예측 임무를 수행하였다.

항로 예측에 이용되는 장치는 요격에 이용되는 장치와 깊은 관련이 있기 때문에 항로 예측과 요격의 문제점을 동시에 고려하는 것이 용이하다. 방어용 요격기로 어떠한 종류의 운송 수단이 필요할까? 확실한 것은 지난 전쟁 끝 무렵부터 이미 한물간 유인 전투기나 재래식 대공포 포탄은 제외라는 점이다.

전투기 자체가 아니라, 조종사의 존재 유무가 전투기를 시대에 뒤떨어지는 무기로 만든다. 항공기의 속도가 높아질수록 조종성이 감소하는데, 가속도 탓에 조종사가 일시적으로 의식을 상실하면서 위기 회피 능력을 잃거나 결정적인 기회를 놓치게 된다. 6g—지구 표면 중력의 여섯 배에 달하는 힘—이상의 원심력을 받으며 급격히 선회하게 되면, 조종사의 시야가 어두워지고 심지어 의식 상실을 겪을 수 있다. 이보다 더 급격하게 선회할 경우에는 혈관 파열, 신체의 장기 분리, 사망을 유발한다. 그리고 물론, 고속으로 비행할 때에는 간단한 조종을 하더라도 방대한 거리를 이동하게 된다.

그래서 어떠한 속도에서든 자유자재로 선회할 수 있는 무인기를 제작하면 좋을 것이다. 더불어 가속도에 분리되지 않는 튼튼한 구조물과 능란한 통제력이 필요하다. 음속에 근접한 속도에서는 공기 역학상 특정 한계에 부딪히게 되는데, 이는 고속으로 수평 비행을 할 때에도 발생하는 문제이므로 여기에서는 다루지 않을 것이다. 주장의 요점은, 인간의 신체는 고속 요격기 조작에 제약이 몹시 크므로 고속 공격을 바란다면 무인 요격기가 절실히 필요하다는 사실이다.

가장 단순한 무인 요격기 유형은 포탄이지만, 유인 항공기가 한물갔듯이 동일한 이유로 이 또한 이제는 시대에 뒤떨어진 무기로 전락하였다. 표적기의 속도가 너무 빨라진 탓이다. 유인 전투기는 고속으로 급선회가 불가능하다. 그런데 포탄은 아예 방향을 틀지도 못한다. 포탄의 효율성은 포신에서 표적까지 최대한 신속하게 이동하는 능력에 좌우된다. 포탄이 비행하는 동안 표적이 예상치 못한 방향으로 이동해 버리는 순간 모든 것이 허사가 되므로 포탄이 도착할 때 표적이 있을 만한 위치를 정확하게 예측해야만 한다.

대공 포화에 이용되는 전기 조준 산정기electrical predictors는 지나온 항로와 속도를 바탕으로 표적의 미래 위치를 산출하는 훌륭한 장치이지만, 예나 지금이나 늘 심각한 한계에 가로막혀 있다. 첫째, 무조건 직선 비행을 추정한다. 둘째, 아무리 특출한 산정 장치라도 포탄이 날아가는 동안에 표적이 움직이는 것까지 계산에 넣지는 못한다.

시속 500마일로 이동하는 표적이 만약 포탄이 발사되는 순간 (번쩍

이는 불빛에 반응하여) 6g로 선회하기 시작한다면, 포탄의 비행 시간이 13초에 불과하다고 쳐도, 표적은 예상된 위치에서 금세 14.5마일이나 떨어진 반대 방향으로 날아가 있을 것이다. 더 빠른 표적이나 더 높은 가속도 값으로 회피 행동이 가능한 표적은 조준 사격으로부터 즉각 도피하고도 남는다. 이 문제를 해결하는 방법은 포탄의 비행시간을 대폭 줄이는 것인데, 이것은 표적과의 거리와 포탄의 속도에 결정된다. 그러나 현존하는 가장 강력한 금속으로 만들어진 대포를 가지고 있다 해도, 포탄이 포구를 떠나는 순간의 속도는 초당 수천 피트를 넘어서지 못한다. 그리고 원자 폭탄의 위험 범위는 아주 방대하기 때문에, 지키고자 하는 핵심 구역을 어떻게 해서든 보호하길 바란다면, 그리고 첫 번째 발사를 성공시켜 파멸을 피하길 바란다면, '반드시' 원거리에서 표적을 파괴해야 한다.

표적의 회피 행동과 속도 증대가 대공 포화의 효율성에 걸림돌로 작용한다는 사실만 문제가 아니라, 최적의 조건 속에서도 발포가 부정확한 점 또한 고려 사항에 넣어야 한다. 사격 관제 레이더가 표적을 아주 꼼꼼하게 추적하는 것도 아니고 미래 항로를 정확하게 예측할 수 있을 만큼 시간이 충분히 주어지는 것도 아니며 전산기가 예측에 있어 근삿값 또는 완전히 틀린 값을 제공한다는 사실 등등의 많은 이유 때문에 오류는 발생할 수밖에 없다. 제2차 세계 대전 당시, 대공 포화를 실시했을 때 조준 사격으로는 어지간히 운이 좋지 않고서야 표적을 명중하기 힘들었고, V-2는 우리의 대공 포화 지역을 넘어 표적에 닿았단 사실을 짚고 넘어갈 필요가 있다. 새로운 원자 전쟁의 서막을 알리는 미사일들에는 상상 가능한 최고의 대포를 이용한들 소용이 없을 것이다.

유인 방어 전투기와 대공 포대가 구식이 되어 버렸으니, 우리의 군사 설계자들은 표적의 예측된 위치를 향해 고속으로 (포탄처럼) 발사되는 수단을 개발할 것으로 보이는데, 그것에는 원동력, 조종 장치, (유인 전투기처럼) 표적 탐색 메커니즘이 들어있을 것이다. 이 모든 것은 가능하다. 즉, 화기에서 발사된 뒤 비행 후반부에는 로켓 추진식이나 다른 방식으로 날아가며 레이더나 기타 표적 탐색 수단에 의해 목표물에 도달하는 미사일을 상상해 볼 수 있다. 현재 이러한 미사일 개발에 대해 많은 의견이 오고가고 있을 것이 분명하며, 아마 벌써 설계에 착수하고도 남았을 것으로 보인다.

근접 신관은 대공 포탄이 파괴력을 발휘할 수 있을 정도로 목표물에 근접하면 자동으로 폭발하는 장치인데, 이는 이미 수중에 들어와 있다. 그리고 효과 범위를 넓히기 위하여 신형 방어 미사일에는 아마도 원자 탄두가 이용될 것이다.

이로써 적극적 방어를 가능하게 하는 모든 조치들을 종합적으로 헤아려 보았다. 레이더 시설을 설계하고 설치하는 데에 엄청난 비용과 노력이 소요될 테지만, 그 결실로 맺어지는 장비가 우리로 하여금 탐색과 경보를 가능하게 해 줄 것이라고 믿어 보도록 하자. 당연히 식별 장비를 아주 영리하게 설계해야겠지만, 적절한 교통 통제를 통하여 잠재적인 적의 미사일로부터 항공 교통을 평화롭게 유지할 수 있을 것으로 보인다. 또한 자동 유도 장치가 달린 대공 로켓 미사일 설계에도 우리는 심혈을 기울여야 한다. 이 모든 것이 다 가능하리라고 낙관해 보자. 지금 우리의 능력 밖에 있는 과제는 수두룩하고, 반드시 이뤄내야 하는 그 모든 것들을 과연 성사시킬 수 있을는지 여부는 그 누구도 장담하지 못한다. '만일' 장담할 수 있었다면, 이번 장의 제목이 '방어는 불가능하다'라고 지어졌겠는가?

이것은 지금까지 언급된 모든 정보를 바탕으로 물을 수 있는 최적의 질문이자 최적의 대답이다. 이 대답으로 말할 것 같으면, 모든 전쟁은, 심지어 한창 무르익은 전쟁에서 새로운 국면을 맞이할 때조차도 '항상' 진주만 유형의 공격으로 시작되리라는 것이다. 구식 폭발물이 이용되는 전쟁에서 경계를 강화하고 있던 도중에 발생한 사달은 재앙이라고 일컬어졌으나, 우리는 생존하였고 맞서 싸웠다. 그러나 원자 전쟁에서는 제아무리 만반의 준비를 다 마친다 하더라도 첫 번째 공격이야말로 '진정한' 재앙이 될 것이다. 우리의 적이 실용성을 중시하고 교묘한 것도 모자라 단호하기까지 하다면, 이런 식으로 전쟁을 끝낼 가능성도 높다.

혹자는 어떠한 형태의 공습이든 간에 역사상 방어를 100퍼센트 성공시킨 적은 없다고 주장할 터이다. 과거를 유심히 살펴보면 원인은 두 말할 필요도 없다. 바로 별안간 당한 첫 번째 공격에 심히 당황한 탓이다.

만반의 준비를 갖추지 않았다가 큰 대가를 치르게 되는 현상의 대명사가 되어 버린 진주만이 요점을 가장 명확하게 알려주는 적절한 사례라 할 수 있다. 섬에 설치되어 있었던 것이 아무리 초창기의 구식 레이더 장치라 하더라도 경보를 확실히 제공하였으니, 방어자들이 제때 기민하게 대응하였더라면 강력한 방어 태세를 갖출 수 있었을 것이다. 당시, 육군과 해군 지휘관들은 진주만에서 하루아침 사이에 평생의 경력을 무너뜨리기 충분한―그리고 실제로도 무너지게 만든―날벼락을 맞았으니, 그 누구보다 후회가 막심했을 것이다. 방어자가 사방팔방에서 쉼 없이 경계만 하고 있을 수는 없는 반면, 공격자는 공격할 장소와 시간을 언제든 마음대로 선택할 수가 있으니, 그들은 그저 이러한 순리의 희생자라 할 수 있다.

그러나 비상사태가 발생하리란 사실을 미리 인지하고 있다고 해도 상황은 별반 차이가 없다. 1943년에서 1944년으로 넘어가던 초겨울, 영국은 독일 측에서 V-1로 런던을 침공할 계획을 세우고 있단 사실을 분명히 인지하고 있었다. 영국인들은 V-1의 구조와 특징을 파헤쳤고, 다양한 가능성을 신중하게 연구하였다. 그런데도 비행 폭탄이 나타나기 시작한 1944년 7월, 영국인들은 당황한 나머지 제대로 응대하지 못하였다. 공습 초반 며칠 동안에는 독일인들이 발사한 V-1의 35퍼센트 이상이 런던을 공격했다. 8주일이 흐르고, 이용 가능한 포대가 점점 부족해지면서 발사된 V-1의 9퍼센트만이 런던에 도달했다. 원자 전쟁에서 9퍼센트라는 숫자는 하루도 지나지 않아 런던을 초토화시키기에 충분하다. 그렇다면, 35퍼센트라는 숫자가 어떠한 결과를 일으킬지 충분히 상상될 것이다.

앤트워프Antwerp를 V-1 공격에서 지켜내고자 대공 방어용 무기를 배치하던 당시, 우리는 폭명탄buzz-bomb에 대해 진작 알고 있었다. 완벽하게 포대를 배치했고, 완벽한 작전을 세웠다. 포병들은 런던을 수호했던 경력이 있었기에 머지않아 직면하게 될 일을 잘 알고 있었다. 그런데도 앤트워프 초반 방어 효율성은 고작 57퍼센트에 지나지 않았다. 그러나 효율성이 차츰차츰 상승하여 2주 후에는 90퍼센트 이상으로 넘어섰다.

초반 방어의 비효율성은 지난 전쟁에서 명백히 보았던 현상이다. 1940년도에 독일이 잉글랜드를 상대로 대낮에 공습을 개시하였을 때, RAFRoyal Air Force(영국 공군)는 방어 편성을 하였지만, 초반에는 다소 무력한 모습을 보였다. 얼마 지나지 않아 RAF의 방어력 효율이 오르기 시작하자 독일은 야간 폭격으로 작전을 변경하였고, 잉글랜드는 이미 상당한 피해를 입은 상태였다. 이후 RAF가 재빠르게 야간 요격 전투기를 상대로 효율적인 지상관제 기술을 선보임에 따라 야간 폭격에서 독일의 손실이 급증하였고, 이윽고 감당할 수 없는 손실로 넘어가자 루프트바페Luftwaffe(독일 공군)는 포기하기에 이르렀다. 하지만 거듭 강조하건대, 잉글랜드도 이미 상당한 피해를 입은 후였다. 당시에는 RAF가 독일의 공격을 신속하게 저지하며 승리를 이끌었지만, 만일 원자 전쟁이었다면, 루프트바페의 군사 작전이 어떠했든 간에 잉글랜드는 진작 초토화되고도 남았을 것이다.

상공에서 투하되는 원자 폭탄에 대한 적극적 방어를 다음과 같이 요약할 수 있다.

1. 원자 폭탄의 폭발을 막을 수 있는 방법도 없거니와 목표 지점으로부터 멀리 떨어진 위치에서 폭탄을 폭발시킬 수 있는 특별한 대응책도 딱히 없다.

2. 상공에서 날아오는 원자 폭탄 접근에 대한 경보를 제공하는 레이더 탐지망은 기술적으로 실현시킬 수 있다. 이를 위해서는 막대한 국가적 투자와 끊임없는 인력 투입이 불가피하다.

3. 미래 원자 전쟁에서 우리에게 겨냥된 미사일을 레이더로 탐지하는 중에 발생하는 주요 문제들은 우호적인 일반 항공 교통이 일으키는 신호와 미사일과 같은 물체가 생성하는 신호를 구분할 수 있어야만 해결이 가능하다. 이를 위해서는 최고로 효율적이고 예민한 식별 시스템을 개발하고, 엄격한 항공 교통 관제 규칙을 도입해야 한다.

4. 원자 폭탄을 운반하는 데에 이용되는 미사일은 초음속으로 이동할 것으로 예상되는데, 이것을 요격하기 위한 방법을 마련하기 위해서는 단연 획기적인 개발이 필요하다. 속도가 아주 빠를 뿐더러 표적을 찾아내 적중할 수 있는 요격 장비가 필요하다. 이러한 요격 장비를 개발하기 위해서는 막대한 노력과 비용이 요구된다. 유인 전투기와 재래식 대공 포대는 완전히 폐물이 될 것이다.

5. 우리가 원자 폭탄 공격에 만반의 준비를 다한다고 하더라도 초기 방어 효율성은 낮을 것으로 판단된다. 공습의 시간과 장소는 우리가 정할 수 있는 것이 아니므로 반드시 전 지역을 방어해야 한다. 전쟁이 발발한 뒤에 위기 속에서 훈련을 하는 것보다 평화로운 시기에 인력을

양성하는 것이 월등히 유용하다. 그러나 실제로 벌어질 공습의 특성이나 이에 대응하기 위한 최적의 방어 전략을 정확하게 예측한다는 것은 불가능하다.

6. 방어 효율성이 저조한 초반 단계에서 원자 폭탄이 목표 지점을 파괴하지 못한다면, 숙련된 방어자가 적극적으로 방어할 경우 기대할 수 있는 최대 효과는 대략 90퍼센트 정도에 달한다. 유인 폭격기로 공격이 자행되는 경우, 90퍼센트 효과면 적에게 치명타를 입히며 효율적으로 방어할 수 있는 수준이다. 재래식 화학 폭발물로 공격이 자행되는 경우, 무인 미사일이 이용된다고 하더라도, 적은 90퍼센트 방어력에 공격을 지속해도 될지 말지 경제적 타당성을 심각하게 고민하게 될 것이다. 반면, 원자 폭발물로 공격이 자행되는 경우에는 90퍼센트 효율성 조차도 적절한 보호 수준이 결코 아니다. 방어를 뚫고 들어오는 미사일은 10퍼센트만 파괴력을 발휘해도 표적을 초토화시킬 수 있을 정도로 막강하다. 설령 보통 규모로 공격이 이뤄진다고 하더라도 말이다.

7. 방어는 불가능하다.

8

은밀한 전쟁에
도입된
신기술

by Edward U. Condon

에드워드 U. 콘던은 뉴멕시코주 앨러머고도(Alamogordo) 출생으로 1933년부터 1945년까지 웨스팅하우스 연구소(Westinghouse Research Laboratory)에서 부국장으로 근무했었고, 현재는 미국 국립 표준국(National Bureau of Standards)의 국장이자 상원 원자위원회(Senate Atomic Committee)의 고문으로 활동하고 있다. 그는 1941년부터 1943년까지 다양한 우라늄 위원회에서 활동했었다.

1916년 그날, 뉴욕항이 뒤흔들렸다. 러시아 황제의 군대에게 보낼 티엔티와 피크르산$^{picric\ acid}$(폭약의 일종)이 화물 열차와 바지선에 실려 있었는데, 갑자기 폭파된 탓이었다. 블랙톰$^{Black\ Tom}$ 폭발 사건은 총력전에서 은밀하게 자행되는 전술인 사보타주 계획이 완벽하게 성공된 대표 사례이다. 독일 정부 측 요원들이 짐이 실려 있던 곳에 몰래 가져다놓았던 고성능 소형 시한폭탄들이 폭발하였다. 이에 따라, 장비가 불충분했던 러시아 군대는 용의주도하고 결연한 소수의 독일인들 때문에 쓰디쓴 참패를 맛볼 수밖에 없었다.

수력 발전을 세계에서 가장 저렴하게 얻는 노르웨이의 리우칸^{Rjukan}은 물의 전기 분해를 통한 수소 생산에 최적화된 장소인데, 이 발전소의 전해조에서 부산물로 듀테륨^{deuterium}이 풍부하게 나온다는 사실이 발견되었다. 이 부산물에 추가 처리 과정을 거치자 플루토늄 생산에 유용하게 쓰이는 순수한 중수가 생산되었다. 나치가 이 처리 과정에 손을 대기 시작했고, 영국은 추축국의 손아귀에 원자 폭탄이 들어가게 될지 모른다는 불안감에 노르웨이 지하 조직과 협력하게 되었다. 영국 정부는 중수 발전소가 풍비박산되길 바라며 지하 조직에 무기를 제공하고 파괴 공작을 장려하였다. 이 발전소의 구조는 매우 특수했고 위치는 전략적으로 굉장히 유용했기에 이 한 곳만 무너져도 독일의 중수 제조 시설의 규모가 대폭 축소되며 플루토늄과 폭탄 생산에 막대한 피해를 입히는 결과를 가져오는 것이었다.

방금 제시된 이 두 사례가 대표적인 전시 사보타주를 적나라하게 보여준다. 파괴 공작원은 강력한 병기나 폭발물을 다량으로 들고 다닐 수가 없기에 호주머니나 가방에 소형 파괴 수단을 항시 보관한 채로 비밀리에 움직인다. 원자 폭탄이 투하되기 전에는 파괴 공작원에게 두 가지 선택권이 주어졌다. 몸에 지니고 다니는 폭발물들로 규모는 작지만 긴요한 표적을 파괴할 것인가, 아니면 이 소형 무기로 적의 에너지가 집중되어 있는 군수품을 터뜨릴 것인가. 리우칸 방식으로 할 것인가, 블랙톰 방식으로 할 것인가. 작지만 절대적으로 필요한 것, 또는 불안정한 폭발물이 거대하게 집중된 곳, 둘 중 하나를 택해야 했다. 물론, 이 두 가지 목표 모두 구식 사보타주에 취약했다.

이러한 사보타주 때문에 두 종류의 목표물 모두 안전장치에 단단히 둘러싸였다. 규모가 작은 것에는 특히 더 경계가 삼엄했다. 보초가 다리를 지켰다. 발전소장은 경호원들을 대동했다. 오크리지에 진입하는 차량들은 먼저 검문을 통과해야 했다. 폭발물 저장소도 감시되었고, 군수 공장이나 군수품 임시 창고를 세울 때에는 주거지나 불안정한 폭발성 화학 물질을 모아둔 곳에서 최대한 멀리 떨어진 장소를 선정하였다. 폭발물을 가득 실은 선박이나 열차는 항구에 들어갈 때마다 혹시 모를 폭발 피해를 최소화하기 위하여 인적이 드문 공간을 향해 빙 돌아갔다. 시카고 항구에서 해군 폭발물을 싣고 있었던 선박이 원인 불명으로 폭파하였던 사건도 예상치 못했던 폭발의 대표 사례이다. 그곳에서 근무하던 수백 명이 사망하였지만, 외딴 곳에 위치하고 있었던 터라 민간인 사상자는 단 한 명도 나오지 않았다.

원자 폭발물 시대가 도래하였다고 하더라도, 특수 요원의 임무는 기존의 제약에서 벗어날 수 없고, 물리적 수단은 여전히 무조건 작아야만 한다. 그러나 더 이상은, 소형이라고 해서 소규모 파괴를 의미하지 않게 되었다. 더 이상은, 취약한 표적에 심각한 타격을 입히기 위해 아슬아슬하게 가까이 접근할 필요가 없게 되었다. 더 이상은, 발전기에 티엔티와 프리마코드^{primacord}(도폭선)를 설치할 목적을 달성하기 위하여, 서성거리는 보초의 눈치를 살피다가 몰래 지나갈 필요가 없게 되었다. 더 이상은, 가이 포크스^{Guy Fawkes}처럼 의회의 지하에 화약을 심어 둘 필요가 없게 되었다. 요원이 가져다 놓은 보통 규모의 원자 폭탄이 터지면 1마일 내에 있는 모든 구조물이 파괴될 것이다. 부피가 메론 한 개

만한 작은 폭탄이지만, 구식 고성능 폭발물 20,000톤 이상의 에너지가 저장되어 있다. 파괴 공작원 단 한 명의 손아귀에 쥐어진 파괴력을 예로 들자면, 제8공군이 전력을 다하여 열 번에 걸쳐 독일을 공습하였을 때 가한 피해보다도 크다. 당시 제8공군은 열 번의 공습 동안 중폭격기 200대와 항공병 2,000명을 잃어야만 했었다.

그러므로 이제 우리는 특수 요원이 특수할 것이라는 선입견을 버려야 한다. 미래에 전운이 긴박하게 감도는 수개월 동안, 그리고 전쟁 기간 동안, 파괴 공작원의 활동은 단연 중대해질 것이며, 그를 막기 위하여 문을 굳게 잠그거나 무장 경계를 선들 소용이 없을 것이다. 만일의 상황을 대비하여, 표적이 될 만한 것은 최소 반경 1마일 내로 절대 의심스러운 사람이나 사물이 존재할 수 없는 청정 지역에 보관되어야만 한다. 이것의 주변에 있는 것은 집 한 채마저도 거대한 화약고 수준으로 위험한 요소로 변모할 수 있다. 20,000톤에 달하는 티엔티가 과자 가게의 카운터 아래에 숨겨져 있는지도 모르는 일이다.

이것은 과장이 아니다. 작은 원자 폭발물 덩어리에 여러 메커니즘을 이용하면 원자 폭탄을 뚝딱 만들어 낼 수 있다. 여기에는 특정 화학 폭발물과 함께 '탬퍼tamper'라고 불리는 거대한 막이 반드시 필요하다. 우리의 정부는 세부 정보를 드러내길 꺼리고 있지만, 새로 개발되는 폭탄이 B-29의 폭탄 투하실에 딱 들어맞는다는 사실을 우리는 이미 알고 있을뿐더러 구조물의 총 무게가 1톤도 안 되리라는 것을 확신할 수 있다. 서류 보관함 혹은 업라이트 피아노 형태의 외관에 감싸여 정체가 감쪽같이 숨겨질 것이다.

그렇다면 멀리서 방사선을 탐지하면 되지 않을까? 로버트 오펜하이머
는 상원 청문회에서 워싱턴 지하에 원자 폭탄이 든 상자가 있는지 없
는지 여부를 확인할 과학적 도구가 있느냐는 질문을 받았고, 그는 다
음과 같이 답변하였다. "아무렴요, 그런 도구야 당연히 있습죠. 바로
스크루드라이버인데, 조사관이 그걸 이용해서 지극정성을 다하여 폭탄
이 발견될 때까지 상자 하나하나를 차례대로 열면 된답니다." 오펜하
이머는 농담한 것이 아니다. 우라늄-235와 플루토늄에서는 소량의 방
사선이 방출되지만, 폭탄의 효율성을 높일 목적으로 이용되는 중금속
탬퍼가 이미 약해진 방사선을 아주 효과적으로 흡수한다. 원자 폭발
물에서 방출되는 중성자는 투과성이 굉장히 뛰어나지만, 폭탄의 구조
자체가 매우 견고하기 때문에 폭발 전까지는 중성자가 거의 없다고 볼
수 있다. 그리고 애초에 중성자가 절대 탈출하지 못하도록 완벽하게 설
계가 된다. 설령 바로 옆방에 폭탄이 목조 상자에 보관되어 있다고 해
도, 이를 감지하기는 어렵다.

서류 수납장이 구비된 방이라면 어디든, 대도시라면 어느 구역이든, 주
요 건물 또는 시설 근처는 어디든, 결의에 찬 인물이 십만 명을 살해할
수 있는 폭탄을 은밀히 숨겨두어 1마일 이내에 있는 모든 일반 구조물
들을 싹 쓸어버릴 수 있단 사실을 염두에 두고 있어야만 한다. 그리고
우연히 발에 차여서 발견되지 않는 한, 극도로 세심하게 사찰을 하는
과정에서 직접 손에 닿지 않는 한, 우리는 이 폭탄을 결코 탐지할 수

없다. 상자에 들어있을 수도 있고, 통에 들어있을 수도 있다. 커다란 라디오 캐비닛 크기의 수납장에 들어있을 수도 있다. 전국 모든 도시와 마을 내에 있는 모든 집, 모든 회사, 모든 공장의 각 방을 샅샅이 뒤지면 모를까, 우리는 폭탄을 절대 찾을 수가 없다.

전쟁이 아직 사라지지 않은 세상에 살고 있으니, 이런 엄연한 사실에서 비롯될 경찰국가를 상상해 보라! 그로브스Groves 장군은 상원 원자 에너지 위원회에 출석하여 진술하던 중에 국제적 사찰과 통제 가능성에 관한 질문을 받았다. 오크리지와 핸포드의 초대형 발전소들이 평화를 위협하는 나라에 협조하여 원자 폭발물을 불법으로 제조하고 있지 않다는 사실을 입증하는 과정에서 기관과 개인이 사생활을 침해 받게 될지도 모른다는 점을 장군은 심히 우려했다. 보아하니, 장군은 이전에 그런 부류의 접근법은 고려하지도 않고 있었던 모양이었다. 적절한 국제 사찰과 통제가 부재하다면, FBI 요원이 전국 방방곳곳을 돌아다니며 모든 처녀의 혼수품이 든 궤, 모든 주부의 도자기 찬장, 모든 사업가의 서류 수납장, 모든 공장의 도구 보관장 등등을 두 달에 최소 한 번꼴로 검사해야 할 수도 있단 사실을 장군은 예상하지 못했던 눈치였다. 하다 하다, 이제는 사생활 침해까지도 걱정해야 하는 실정이라니!

그러나 이러한 내부 감사만으로는 충분하지도 않다. 폭탄이 외국에서 들어올 수 있는 경로로는 두 가지가 있다. 현재 원자 폭발물은 거대하고 고비용이 요구되며 식별이 쉬운 시설에서만 제조되고 있지만, 이제는 요원들에 의해 부품들이 조금씩 밀반입된 뒤 바로 이 나라의 아주 소박한 상점 안에서 조립될 수도 있다. 원자 폭발물 제조에 사용되는 금속이 라이터, 열쇠, 시계 케이스, 구두못 등등을 제작할 때 이용되는 평범한 금속들과 상당히 비슷하게 생겼기에 가능한 일이다. 밀도와 엑스선 흡수를 심도 깊게 연구하지 않는 한, 다른 금속과 구분이 불가능하다. 이러니, 경찰국가의 필요성이 다시 제기되는 수밖에 없다. 국가별로 원자 군비 확충이 난무하는 불안한 세계에서 살게 된지라, 국내로 입국하는 모든 이들이 소지한 모든 금속품을 일일이 심혈을 기울여 검사할 수밖에 없게 생겼다.

그러나 이렇게까지 한다고 해도 아직 안전하지는 않다. 또 다른 경로로, 완전히 제조된 원자 폭탄을 표면상 떳떳한 화물에 숨겨 해외에서 미국 내로 들일 수 있기 때문이다. 원자 폭탄 밀반입이 몹시 우려되어 화물의 엑스선 검사를 시행한다 해도, 브루클린 부두에서 검사를 기다리며 한가롭게 두둥실 떠 있던 배의 화물칸에서 별안간 폭탄이 폭발하여 수십만 명을 살해하고 항구를 산산이 부서뜨릴 수가 있다. 대양 횡단 공군 기지의 활주로로 착륙하는 비행기에 실려 있다면, 기지와 탑승원들은 물론 인근 지역까지 초토화될 것이다. 타자기 한 대를 담을 수 있는 크기의 모든 수화물은 시간이 오래 소요된다 하더라도 무엇이든 신중하게 검사를 해야 하기 때문에 비행기 여행의 장점인 속도와 편의성은 무가치하게 될 것이다. 타자기만한 상자라고 해도 파나마 운하를 파괴시키기에 충분한 힘이 들어 있기 때문이다.

파괴 에너지를 집중시키는 것이 가능해짐으로써 사보타주의 효율성이 극대화된 원자 시대에는 익명 전쟁마저도 가능하다. 원자 폭탄이 일으키는 엄청난 위력의 불덩어리에 폭탄 제조자의 정체나 폭탄을 심은 자의 성명은 연기 속으로 순식간에 사라져 버릴 것이다. 이로써 극악무도한 고의 도발 가능성이 열렸다. 원자 무기가 득실거려 서로를 못 미더워하는 세상에서 잠시 갈등을 빚고 있는 두 국가를 전쟁으로 몰아넣기 위하여 제3의 국가가 폭탄을 심어 놓을 수도 있다. 전쟁에서는 애국심이라고 칭해지는 배반이 여기에서 극으로 치닫는다. 이것은 상상이 아니다. 앞서 묘사된 상황은 인간이 보유하게 된 능력이 가져올 암울한 현실이다.

여기에서 제시된 경로로 몰래 반입된 원자 폭탄이 파괴를 일으켜 전쟁의 승패를 결정짓는 것은 아니다. 그리고 사보타주나 배반으로 전쟁이 시작되리라고 암시할 목적으로 이 글을 쓰는 것이 아니다. 굳이 그런 방식으로 파괴를 일으키지 않아도 된다. 아주 유용한 로켓이 있으니 말이다. 자칫 계획이 조금이라도 비틀리게 되는 날에는 교전이 발발할 수도 있는 위험을 감수하고, 그러한 무기들을 잔뜩 숨겨놓는 사보타주 조직의 존재는 분명 심각한 문제이다. 그러나 이 외에도 불안한 것이 더 있다. 만약 당신의 나라가 원자 무기 경쟁에 참여한다면, 과연 당신의 집 사방에 세워져 있는 다른 집들을 전과 같은 시야로 바라볼 수 있겠는가? 같은 도시에 사는 이웃 중 누군가가 폭탄을 숨기고 있는지도 모르는 일이다. 새로운 전쟁의 서막은 미사일 발사로 열릴 것이며, 장거리 무기로는 부족한 정확도를 높이기 위하여 누군가가 주요 목표물 근방에 지뢰를 비밀리에 설치하여 폭발시킬 수도 있다. 정부 청사들이 폭삭 무너지고, 중요한 통신 시설들이 파괴될 뿐만 아니라 철도와 항공, 해상 교통이 끊기며 중심이 되는 산업 시설이 공격을 면치 못할 것이다. 공중에서 날아오는 폭탄이 목표 지점에 정확하게 떨어지든 안 떨어지든, 이 모든 일은 실제로 벌어질 것이다. 누구의 소행인지, 누가 심어 놓은 것인지, 누가 몰래 국내에 반입시킨 것인지, 누가 화물칸에 넣어 놓은 것인지, 절대 알 길이 없다. 그리고 이러한 극악무도한 짓들을 막기 위하여 우리가 내어놓을 수 있는 대책들이라고는, 국제적 이동이 자유로워진 시대에 살고 있음에도 불구하고 다시 대항해 시대 수준의 이동성으로 역행하는 것도 모자라 늘 감시, 염탐, 수사에 인력을 낭비해야 한다는 것밖에 없다.

우리의 대통령은 밤낮없이 가까운 사람들을 감시해야 한다는 사실에 적잖이 거북해 한다고 한다. 이러다가는 장차 대통령이 철저한 조사를 통해 1~2마일 내에 있는 모든 사람들이 안전하다고 판단되지 않는 한, 국민의 근처에 얼씬하지도 못할 판국이지 않은가?

이 모든 상황들은 우리가 제조법을 깨우치게 된 바로 그 폭탄에서 비롯되었다. 불안정한 미래를 대비하기 위하여 우리의 국가가 오늘도 만들어 내고 있는 바로 그 폭탄 말이다. 다른 장들에서와 마찬가지로 이번 장에서도 지적하는 바는 동일하다. 원자 무기를 보유한 세상에서 군비 확장을 통해 국가 안전 보장을 추구할 수는 없다. 우리의 성취는 우리만큼이나 전쟁을 달갑지 않게 여기고 있을 다른 국가들에게도 야망과 의혹을 불어넣는 셈이다. 한 국가가 무장을 하면, 나머지 모든 국가도 무장하는 수밖에 없다. 그리고 원자 시대에 모든 국가가 무장을 한다는 것은, 서로가 서로를 파괴할 수 있는 막강한 힘을 보유한다는 뜻이기에 자칫하다가는 전쟁이 예방책으로 간주될 수도 있다. 그렇다면 전쟁 발발은 당연한 결과가 될 수밖에 없다.

결론은 간단하다. 불안정과 불신, 그리고 많은 현실 문제에 시달리고 있는 우리의 현 세계가 말문이 막힐 정도로 기상천외한 상태로 넘어가 신문에 특보로 실리는 상황만은 면해야 한다. 원자 무기 확충 경쟁은 국제 원자 에너지 통제 기구에 의해 반드시 저지되어야만 한다. 파괴 공작원을 찾아내지는 못할지언정, 그자가 이용할 폭탄을 제조하는 공장이 이 세상에 존재하도록 놔두어선 절대 안 된다.

9

위기는
어디까지
왔는가?

by F. Seitz Jr.
& Hans A. Bethe

프레데릭 자이츠 주니어(좌)는 현재 카네기 공과대학교의 물리학과장이다. 1943년 가을, 그는 핸포드 플루토늄 플랜트와 관련된 문제를 해결하기 위하여 시카고대학교의 야금학 연구소에 합류했었다.

한스 A. 베테(우)는 튀빙겐대학교(University of Tübingen)에서 물리학을 강의했었으나 1933년에 히틀러 정권이 시작되면서 지위를 잃었다. 1935년에 코넬대학교로 강단을 옮겼고, 현재 동일 학교에서 물리학 교수로 재직 중이다. 전쟁 기간 동안, 로스앨러모스에서 이론 물리학 연구를 총괄했었다.

"비밀 엄수!" 슬로건에서 자주 보이는 이 한 마디를 통해 원자 폭탄에 대한 우리의 방침을 알 수 있다. 이는 사람들로 하여금 중요한 두 가지 질문을 떠올리게 한다. 비밀이 있나 보네? 그렇다면, 노르망디 상륙 작전 당시 상륙 지점을 비밀에 부쳤던 것 수준으로 이것도 비밀로 엄수해야 한다는 뜻인가?

첫 번째 질문에는 즉각 답변할 수 있다. 현재, 영국과 우리는 아직 세계에 알려지지 않은 근본적인 과학 지식과 생산 기술을 보유하고 있다. 이 지식과 기술이라 하면, 순수하고 가벼운 우라늄(U-235)과 플루토늄을 생산하는 기계를 만드는 방법, 그리고 이러한 재료로 폭탄을 제조하는 방법을 뜻한다.

첫 번째 질문에 대한 답변을 보면, 두 번째 질문의 답변이 우리의 외교 방침에 막대한 영향을 미칠 수밖에 없다는 사실을 단번에 알아차릴 것이다. 만약에 폭탄 기술에 관한 정보를 예컨대 사오 년 정도 기밀로 부치는 것이 불가능하다면, 국가 계획 측면이 아닌 외교 정책에 집중해야 한다. 그렇지 않으면, 원시 밀림에서 인간 부족들이 겪었던 것보다 더욱 심각하게, 사람들이 언제 어디에서 대규모로 허망하게 돌연사할지 모르는 무정한 세상에서 우리만 고립될지 모르기 때문이다. 그러나 두 번째 질문—즉, 원자 폭탄을 제조하는 데에 필요한 기본 지식이 다른 국가의 손아귀에 들어가기까지 과연 시간이 얼마나 남았을까—에 대답하기에 앞서 우리의 개발 역사를 분석해 볼 필요가 있다.

원자 폭탄 생산을 가능케 하는 한 핵분열 현상은 1938년에서 1939년으로 넘어가던 겨울에 독일에서 발견되었고, 미국에는 1939년 1월에 처음 알려졌다. 바로 이때를 기점으로 우리는 폭탄 개발 분야에서 활동하기 시작하였고, 1945년 7월 16일에 첫 번째 폭탄 실험을 성공시키면서 실질적으로 개발의 정점을 찍었다. 핵심적인 발견부터 최종적인 응용에 이르기까지 걸렸던 6년 반이란 시간은 세 시기로 극명하게 나뉜다.

1기 초기는 1939년 1월에서 진주만이 폭격을 당한 직후인 1942년 1월까지 이어졌다. 이때를 일컬어 암중모색 기간이라고 칭할 수 있다. 이 시기에는 해결해야 할 문제들이 산더미처럼 쌓여 있었다. 첫째, 오롯이 과학적인 문제로서, 연쇄 반응 가능성을 연구하고 필요한 실험 수행을 위한 실험 기술을 고안해야 했다. 둘째, 충분한 자금과 인력 조달 문제를 해결해야 했다. 셋째, 아직 정보가 매우 모호하고 이론적인 상태에서 과연 국민적 관심을 어떻게 유지시키면 좋은가에 대한 문제도 해결해야 했다. 이 시기에는 천재성과 결단력이 뛰어난 이들이 절실히 필요했다. 그러나 여기에서 짚고 넘어가야 할 흥미로운 사실은, 이 시기에 컬럼비아, 프린스턴, 캘리포니아 등등 여러 유수의 대학교에서 내로라하는 과학자들 소수가 소규모 조직들을 만들어 이러한 연구를 이끌었다는 것이다. 이 시기는 연쇄 반응 효과가 이론적으로 확실시되면서 막을 내렸다.

2기 중기는 1942년 1월에서 1944년 1월경까지 이어졌다. 순전히 연구에만 국한되었던 활동이 연쇄 반응 설비 건설과 대규모 핵분열 가능 물질 생산 시설 설계로 확장되었다. 대규모 발전소를 짓고 운영하기 위하여 산업체들과 계약을 맺었다. 파일럿 플랜트pilot plant(소규모 시험 설비)가 실제로 지어지고 방사성 물질 적정량—몇 그램—을 생산하기에 이르렀다. 또한 대규모 생산 시설을 설계하기에 앞서, 이 실험 시설들을 활용하여 추가 정보를 얻었다. 이로써 시설은 세 부류로 나뉘어 개발되었는데, 한 군데는 플루토늄 생산이 목적이었고, 두 군데는 우라늄 동위원소 분리를 위한 곳이었다. 어떠한 방식이 성공할지, 그리고 시간이 가장 절약되는 방식이 무엇일지 알 수가 없었기 때문에 세 가지 개발 모두가 동시에 필요했다. 이에 따라 산업적, 과학적 노력뿐만 아니라 비용 또한 더 많이 요구되었다. 이 두 번째 시기에 로스앨러모스 폭탄 연구소가 설립되었고, 폭탄 설계가 시작되었다.

3기 말기는 1944년 1월에서 1945년 여름까지 이어졌다. 이 시기에는 폭탄의 재료를 생산하기 위한 대규모 플랜트가 완공되고 운영되기 시작하였다. 연구와 파일럿 플랜트 단계에서 대규모 제조 단계로 개발이 넘어간 것이다. 생산된 방사성 물질을 실험에 이용하여 폭탄의 크기와 기능을 결정하였고, 폭탄 설계를 완성시켰다. 역시나 생산 공정 개발 때와 마찬가지로 여러 각도에서 접근을 하며 폭탄 연구를 진행하였다. 마침내, 1945년 7월, 실험을 통해 폭탄의 위력과 탄탄한 설계가 입증되었다.

세 시기를 확인하였으니, 이제 우리는 문제를 도출할 수 있게 되었다. 영국 연방 외에 다른 나라가 앞서 설명된 세 시기를 다 거치기까지 얼마나 걸릴까? 여기서 추축국은 제외해도 된다. 가장 예의 주시해야 할 나라는 단연코 러시아와 프랑스이지만, 중국이나 아르헨티나(또는 남미 국가 연합)도 눈여겨봐야 한다. 이들뿐만 아니라, 스웨덴이나 스위스처럼 고도로 발달된 소규모 국가가 산업 발전이 더딘 강대국과 협력할 가능성도 존재한다.

우리와 마찬가지로 당연히 이들 나라에게도 원자 폭탄에 대한 정보를 얻어야만 하는 동기가 있을 것이다. 불안감이라는 대의명분을 문제로 삼는 것이 아니다. 국가 주권이 강력한 세계에서는 혹시 모를 비상 상황을 대비하기 위해 전쟁을 준비하기 마련이다. 원자 폭탄이 국제적으로 관리되지 않는다면, 러시아인들은 분명 최단 시간 안에 폭탄을 개발하기 위해 혈안이 될 것이고, 목표를 이루기 위해서라면 재원과 자원을 아끼지 않을 것이다. 이미 원자 폭탄 프로젝트에 착수하였다고 공표한 프랑스는 사하라 사막을 시험장으로 사용하기로 결정하였으며 미국이 1기(1939년~1941년) 전체에 투자한 금액보다 훨씬 더 큰 예산을 책정하였다.

이제 필요한 과학 인재의 가용성을 논할 차례이다. 현재, 세계에서 내로라하는 과학 인재들 중 상당수가 미국과 영국에 있다는 사실은 의심할 여지가 없다. 더욱이, 이 인재들은 지난 6년 간 아주 좋은 환경에서 근무하였다. 바로 이 두 가지 사실 덕에 6년 반 만에 우리가 폭탄 개발에 성공할 수 있었던 것이다. 다른 국가 혹은 연합이 설령 우리와 동일하게 1939년도에 이 사업에 착수하였다 하더라도 우리보다 빨리 성사시킬 순 없었을 것이다. 이뿐만 아니라, 어느 한 시기라도 우리보다 먼저 끝마치는 나라는 없었을 것이다. 물론, 러시아와 프랑스도 뛰어난 인재들을 데리고 있다. 그러나 우리가 진전을 가장 많이 보였던 1기와 2기에는 극소수의 사람들이 대부분의 업적을 이뤄냈다는 사실을 유념해야 한다. 즉, 많은 인원수는 필수 요소가 아니다. 1939년도에서 1945년도 사이에 외국에서 그렇다 할 성취를 얻어내지 못했다는 것은 (과연 이것이 사실인지 아닌지 확신할 순 없지만!) 그들이 온전히 일에 집중할 수가 없는 상황에 있었거나 제대로 집중하지 않았다는 뜻이다. 당시, 러시아는 얼마 있지도 않은 군수품으로 생존을 위해 싸우고 있었다. 프랑스는 점령당한 상태였다. 독일은 아마도 성공이 가능했을 테지만, 1941년도에서 1942년도 사이에 승전을 확신하게 되면서 미래를 대비한 개발에 전념을 다할 필요성을 느끼지 못했을 것이다.

재료의 가용성은 어떠한가? 미국의 초반 성과는 대부분 대학교들이 제공한 시설에서 소박한 규모로 수행한 연구를 통해 나왔다. 지금까지 언급된 국가들과 그 외의 많은 곳에도 흔히 있는 부류의 시설이었다. 개발 2기에 해당하는 파일럿 플랜트 공정에서는 물질, 특히 우라늄이 다량으로 필요하다. 이 광물은 대규모로 매장된 벨기에령 콩고는 두말할 필요도 없고, 체코슬로바키아의 야히모프^{St. Joachimethal}, 러시아, 스웨덴, 노르웨이에서 상당량 발견되고 있다. 상황이 이러하니, 어떠한 국가든 마음만 먹으면 파일럿 플랜트 공정에 필요한 물량을 조달하는 데에 애를 먹을 일이 없단 사실을 쉽게 유추할 수 있다.

우라늄은 풍부하게 매장되어 있으므로, 예를 들어, 러시아 정도로 넓은 표면적을 가진 국가라면 결국 충분한 규모의 광상을 찾아 대규모 생산에 돌입할 수 있다. 이러한 측면을 고려해 보면, 작은 나라일수록 폭탄을 다량으로 생산하기가 까다로울 것으로 보인다. 그러나 국토 면적이 좁은 나라도 파일럿 플랜트 연구를 시작으로 플랜트를 지어 폭탄 제작에 성공한 뒤 대가를 받고 판매할 수도 있다. 이뿐만 아니라, 우라늄이 한 국가의 생존을 책임지는 주요 물질이 된다면, 이는 금보다 귀중한 대우를 받게 될 테고 품질이 매우 낮은 광석조차도 국가적 관점에서 채굴 수익성이 높은 사업으로 거듭날 것이다. 금은 1백만 분의 0.3 정도로 소량의 금을 함유한 자갈에서 상업적으로 추출된다. 반면, 우라늄은 금의 대략 스무 배, 즉 1백만 분의 6 이상이 지각에 매장되어 있는 것으로 추정되고 있다.

앞서 언급된 많은 나라들의 산업 역량은 이미 상당히 진보되어 있다. 생산 규모는 확실히 미국만큼 크지는 않지만, 대략 5년 후 국민 소득과 비교했을 때 20억 달러는 결단코 부담스러운 액수가 아니다. 게다가 우리의 개발을 되풀이함으로써 요구되는 비용이 훨씬 절감될 것으로 보이는데, 이 부분에 관해서는 뒤에서 논할 예정이다.

시카고대학교의 로렌스 클라인Lawrence Klein 박사가 수집한 자료에 따르면, 1925년에서 1930년 사이—잠재적인 폭탄 제조 국가 중에 가능성이 가장 낮은 편인—스웨덴의 (비소비성) 플랜트 및 설비 부문 연평균 총산출은 3.5억 달러였다. 이 금액 중 상당 부분이 노후화된 플랜트와 장비를 교체하는 데에 쓰였지만, 전쟁을 대비하는 상황이었다면, 그 돈의 행방은 다른 곳으로 향했을 것이다. 미국은 전시 물품 생산 시기에 플랜트와 설비를 교체하지 않았기 때문에 연합국에 군수품을 충분히 조달할 수 있었다. 스웨덴이 폭탄 제조 목적을 달성하고자 국가의 자금을 이용할지 여부는 아무도 모르는 일이다.

스웨덴이 원자 폭탄 제조에 총력을 기울인다면, 5년 동안 매년 평균 2

억 달러를 지출할 것이다. 1925년에서 1930년까지 스웨덴의 총생산량 측면을 들여다보면, 플랜트와 장비 생산이 57퍼센트를 차지했고, 총생산 능력의 오직 10퍼센트만이 갖가지 유형의 재화 및 용역에 이용되었다. 이 백분율은 미국, 소비에트 연방, 영국, 독일 등등의 국가가 전시에 지출한 것에 비하면, 아주 적은 규모이다. 그러나 스웨덴이 원자 폭탄을 진정으로 원한다면, 이러한 프로그램에 돌입하는 것은 별로 어렵지도 않은 일이다.

많은 미국인들은 러시아의 경우 대량 생산이 가능할지라도 산업의 질이 낙후되어 있다고 믿고 있다. 이번 장을 맡은 우리 두 저자는 이 부분을 분명히 짚고 넘어가고자 한다. 러시아는 전시에 탱크로 광범위한 작전을 수행하였고, 독보적인 독일산에 필적하는 우수한 탱크를 다량으로 생산하였으며, 우리 두 저자는 그들의 탱크가 우리의 셔먼^{Sherman}보다 월등히 뛰어나다고 판단하고 있다. 이것은 우리가 원자 폭탄의 기술과 생산에 노력을 쏟아 부은 만큼, 러시아는 탱크에 전념을 다했단 뜻이 틀림없다.

다른 국가가 원자 폭탄 생산에 성공하기까지 소요될 시간을 측정하기 위해서는 우리와 그들의 자원뿐만 아니라 출발점을 비교해야 한다. 현재 시점에서 원자 폭탄 개발에 착수하려는 국가는 우리가 1939년도에 가지고 있었던 것에 비해 훨씬 많은 지식을 갖추고 시작하게 된다. 그중 두 가지 주요 정보는 바로 다음과 같다. 첫째, 폭탄이 실제로 터질 뿐만 아니라 폭탄의 크기가 작아서 공중으로 운반이 용이하다는 사실이다. 그리고 둘째, 상당히 구체적인 자료가 들어 있는 『스미스 보고서Smyth report』가 존재한다는 사실이다.

우선, 폭탄이 실제로 작동한다는 사실을 아는 것에서 비롯되는 장점들을 고려해 보자. 앞서 언급되었던 시기들 중에서 1기에 행하였던 암중모색이 더는 필요 없게 되었다. 동기가 강력히 부여된 상태에서 즉각 대규모로 착수할 수 있게 되었다. 개발 과정 1기를 겪었던 우리처럼 과학적 원조와 재정적 후원을 얻기 위하여 고생할 필요가 없으니, 그러한 노력에 들여야 했던 시간을 이제는 절약하게 된 셈이다. 더욱이, 더 이상은 극소수의 천재들이 가진 통찰력과 판단력에 의존할 필요가 없게 되었다. 보통 수준의 과학자들도 원자 폭탄 제조에 필요한 요건을 알고 있다. 이뿐만 아니라, 이제는 이 프로그램의 세 단계를 한 번에 시작하여 전체 시간을 대폭 줄이는 것도 가능해졌다. 더 이상은 초기 개발 단계에서 결과를 기다릴 필요가 없게 되었고, 중기와 말기에 위험을 무릅쓴 노력을 얼마나 더 지속해야 할지 고민하고 결정할 필요도 없게 되었다.

이번에는 『스미스 보고서』를 논해 보자. 이 보고서에 담긴 상세한 양질의 정보는 전반적으로 수익성 높은 개발 공정을 가능하게 한다. 예컨대, 『스미스 보고서』는 플루토늄 생산에 관하여 유용한 정보를 제공하고 있는데, 이 부분을 찾아보면, 물이 중성자를 흡수하는 탓에 공정의 능률을 떨어뜨리지만, 천연 우라늄과 흑연 감속재를 활용하면 시스템에서 물을 냉각수로 이용해도 원자로 파일을 작동시킬 수 있다고

되어 있다. 이뿐만 아니라, 반응 과정에서 생산되는 플루토늄은 화학적으로 분리가 되며 폭탄에 이용하기에 적절한 순도가 된다는 내용도 쓰여 있다. 그렇다고 시설에 사용되는 배관과 여타 도관의 치수까지 구체적으로 설명되어 있다거나, 화학 분리에 이용되는 방법이 자세히 묘사되어 있지는 않다. 그러나 최초로 이 작업에 착수하였던 위대한 천재들에 비해 급수가 한참 낮은 천재들도 이 모든 프로그램이 실현 가능하다는 긍정적인 중요 사실에 힘을 입어 생략된 내용을 순조롭게 채워나갈 수 있을 것이다.

근래 한 학술 발표회에서 다 같이 식사를 하면서 대화를 나누던 중, 폭탄 개발의 어느 단계에도 일절 참여한 적이 없는 어느 유능한 물리학자가 다른 물리학자에게 플루토늄 생산과 원자 폭탄의 규모에 대해 본인이 추론한 것을 들려주었는데, 그 모든 것이 『스미스 보고서』를 읽고 도출한 결과라고 한다. 그의 추론은 미공개 사실과 기가 막히게 일치했다. 이 물리학자처럼 『스미스 보고서』를 통해 생략된 내용을 추론할 수 있는 인재는 각 나라마다 최소 스물다섯 명은 존재할 것이다.

연쇄 반응에 의한 플루토늄 생산, 전자기 방법에 의한 우라늄-235 분리, 확산 방법에 의한 분리, 이 세 가지 중 어느 하나라도 성공으로 이어질 수 있다는 정보를 아는 것도 중요하긴 마찬가지이다. 이 지식을 바탕으로 개발에 착수하는 나라는 이 프로세스 중에 어떤 것이 자국 시설에 적용이 가장 용이하고 비용이 가장 덜 들지 결정하기가 비교적 수월할 것이다. 이로써 비용이 굉장히 절감될 터인데, 아마도 필요 지출액이 10

억 달러 이하로 떨어질 가능성이 높다. 한 가지에 집중하여 전념을 다할 수 있게 되므로 산업 및 과학적 노력은 대폭 감소될 것이다.

현재 알려진 모든 지식을 기반으로 어떤 시기의 기간을 단축시킬 수 있을까? 시간이 대폭 단축되는 시기는 단연, 개발 1기이다. 이 시기에 우리의 연구 조직들은 3년이란 시간을 투자하였는데, 이들은 제대로 된 재정 지원도 받지 못했을 뿐더러 과연 성공이 가능하기는 할는지 여부조차도 알지 못한 채 연구에 전념하여 초기에 혁혁한 공을 세웠다. 지원을 적절히 받고 『스미스 보고서』를 통해 정보를 얻는다는 전제하에, 프랑스의 오제^{Auger}와 졸리오^{Joliot}, 러시아의 카피차^{Kapitza}, 란다우^{Landau}, 프렌켈^{Frenkel} 정도의 역량을 가진 이들이라면 우리가 여기까지 올라오는 데에 걸린 기간만큼이나 시간을 소비할 리가 없다. 아마 이들에게 이 시기에 필요한 시간은 2년이면 족할 것이다.

두 번째 단계에 관하여 말하자면, 단언하건대, 파일럿 플랜트를 지체 없이 가동시키는 계획을 세운다 하더라도 무리가 없다. 이러한 장치들 생산에 필요한 상세 자료가 지금 당장은 없을지도 모른다. 그러나 예를 들어, 만일 U-235를 분리하기 보다는 플루토늄을 생산하기로 결정한다면, 우라늄과 흑연이 다량으로 이용된다는 사실이 이미 널리 알려져 있지 않은가. 그러므로 곧바로 이러한 물질들을 준비하기 시작하면 된다. 『스미스 보고서』가 굉장히 도움 될 수밖에 없는 또 다른 이유는 우라늄 금속 제조에 성공적으로 이용되었던 다소 단순한 특정 공정이 언급되고 있기 때문인데, 우리가 개발하던 때에만 해도 이것을 확증하는 데에 무척 오랜 시간을 들여야만 했었다. 분리 방법들 중에서 가장 적합하다고 판단되는 공정이 결정되는 대로 그에 부응하는 준비 작업에 착수하면 된다. 무엇을 고르든, 파일럿 플랜트를 세울 부지를 즉시 선택하고 운영에 필요한 모든 준비를 시작해도 된다. 따라서 연구를 통해 파일럿 플랜트의 규모가 정해지는 1기가 끝나고 아마도 1년이 지난 시점부터는 이 시설을 가동시킬 수 있을 것이다.

이번에는 대규모 제조에 관한 문제를 다뤄보자. 파일럿 플랜트 생산에 적용되었던 이론이 여기에서도 고스란히 적용될 수 있다. 파일럿 플랜트의 부지를 선정했을 때와 같은 방식으로 우라늄과 흑연 같은 물질을 정제 및 정화하기 위한 적정 부지를 선정하면 된다. 우라늄에서 플루토늄을 얻는 화학 공정을 실행하기에 앞서 일부 지연이 발생될 수도 있는데, 그 이유는 이러한 공정이 이뤄지기 위해서는 파일럿 플랜트에서 먼저 물질이 충분히 생산되어야 하기 때문이다. 더욱이, 이 단계에서는 고도로 발전된 산업이 매우 중대한 역할을 하는데, 다른 국가들은 산업 측면에서 질적으로나 양적으로 우리보다 뒤쳐져 있기 때문에 우리에게 필요했던 시간만으로는 역부족일 것이다. 아주 높이 잡아, 이 시기에 우리에게 요구되었던 시간보다 다른 국가들의 경우에는 최대 두 배, 즉 2년은 필요하다고 계산해 보겠다. 1기와 2기에 필요한 시간으로 앞서 추정된 3년에 대량 생산 기간을 합치면, 길어봤자 5년 뒤에는 플루토늄 또는 우라늄-235 (혹은 둘 다) 생산에 성공할 것이란 결론이 나온다. 물론, 이제 세상에 분명하게 알려졌다시피, 마지막 제조 과정에 이르려면 반드시 천연 우라늄이 먼저 충분히 확보되어야 한다.

마침내, 폭탄 설계와 구조라는 가장 중요한 주제에 관해 논의할 때가 왔다. 설계는 이 프로그램의 초반에, 즉 우리가 착수했던 때보다 비교적 일찍 시작할 수 있을 것이다. 개발 1기와 2기를 거쳐 파일럿 플랜트 단계를 마치며 얻어낸 기본 정보를 활용하여 폭탄의 크기와 폭발에 이용할 방식을 결정하게 된다. 우리가 계산한 바에 따르면, 이러한 정보는 4년 차에 얻게 될 것으로 판단되므로, 제조 시설에서 폭탄의 재료가 생산되기 시작할 무렵이면 이미 폭탄 이론을 완벽하게 파악한 후일 것이다. 대부분의 폭탄 설계를 일찌감치 마쳐 놓으면, 물질 제조에서 완제품 생산까지 별다른 지연 사유 없이 순조롭게 진행될 것이다. 재료가 완비된 후 최종 생산품이 나올 때까지는 결코 1년을 넘길 리가 없다. 이 모든 숫자를 합치면, 언제든 사용 가능한 폭탄을 만들기까지 총 6년이란 시간이 필요하다. 다른 나라의 산업 발전 수준이 우리보다 뒤처져 있단 사실을 고려하여 1년을 추가하였는데도 불구하고, 그들의 총 제조 기간은 우리에게 요구되었던 시간보다 조금 짧다.

지금까지의 계산을 통하여, 타국이 미국의 개발을 복제하는 데에 성공하려면, 우리에게 요구되었던 기간과 비슷한 수준의 시간이 그들에게도 필요하다는 점을 알 수 있다. 연구 과정에서 과학자들이 고민에 빠지게 되는 공정들이 일부 존재하는데, 그것들이 성공할 수밖에 없다는 증거가 똑똑히 명시되어 있는 『스미스 보고서』는 그들의 프로그램에 아주 가치 있게 이용될 것이다. 그러나 가장 유의 깊게 봐야 할 부분은, 우리의 프로그램 전체가 성공했다는 사실이다. 설사 이 폭탄의 위력이 실제로 입증되지 않았다 하더라도, 외관부터 아주 상이하고 서로 다른 기계를 보유한 주요 공장 세 곳이 우리의 프로그램에 관여되어 있다는 사실이 알려지는 것은 물론, 이 모든 공장들이 계속 가동되고 있단 사실을 통해 사람들은 세 가지 다른 공정이 성공적으로 진행되고 있단 사실을 눈치 챘을 수밖에 없다. 즉, 『스미스 보고서』에 들어있는 내용 중 가장 의의가 있는 정보는 다른 증거들을 통해 쉽게 추론되었을 것이란 뜻이다. 히로시마에 원자 폭탄이 처음 투하되던 순간, 중요한 비밀이 만천하에 공개됨과 동시에 다른 국가들로 하여금 원자 폭탄을 제조할 수밖에 없게 만드는 중요한 동기가 제공된 셈이다.

이번 장에서 추론된 필요 시간을 더 단축시킬 수 있는 요인은 얼마든지 존재할 것이다. 우선 한 가지를 들자면, 우리는 이 사업에 참여하는 국가가 우리보다 덜 효율적인 환경에서 개발 작업을 수행할 것이라는 편협한 관점을 내내 취하였는데, 이 관점 자체가 애초에 근거가 없다고 볼 수도 있다. 이뿐만 아니라, 외부에 드러난 사실이 전부가 아니므로, 어쩌면 이미 진척을 보인 국가들이 존재할 가능성도 충분히 고려해야 한다. 마지막 요인은, 다른 나라에 존재하는 천재들이 우리보다 월등히 뛰어난 방법을 고안하여 필요한 시간을 대폭 단축시킬 수도 있단 점을 결단코 간과해선 안 된다. 앞서 우리가 추론한 결론은 다른 국가가 우리의 작전 양식을 그대로 복제한다는 전제하에 내린 것이다.

요점을 정리하자면, 이로써 우리는 결의에 가득 찬 몇몇 국가들 중 어딘가에서 대략 5년이란 시간 내에 우리의 성취를 고스란히 복제해 낼 수 있을 것이란 결론에 쉽게 도달하였다. 회의주의자나 국수주의자는

5년이 흐르면 우리는 현재 위치보다 훨씬 앞서 나가 있을 터이므로 타국이 설령 현재 우리가 보유한 지식을 얻게 된다 하더라도 우리에게 별다른 영향을 미치지 못할 것이라 주장하며 이러한 추론은 우리의 외교 정책에 반영될 리가 없으리라고 생각할 것이다.

아주 엄중한 의견 두 가지로 이러한 관점을 반박하겠다. 첫째, 5년은 우리를 앞지르는 국가가 나올 가능성이 충분한 시간이다. 둘째, 설령 우리가 그들의 것보다 훨씬 더 강력한 폭탄을 보유한다 하더라도, 우리의 현재 입지는 상당히 뒤흔들릴 것이다. 현존하는 이 폭탄이 충분한 수량으로 제대로 이용된다면, 안타깝게도, 고도로 집중된 산업 구조가 단 하루 안에 마비될 수 있기 때문이다. 우리의 무기고에 더욱 강력한 폭탄이 수북이 쌓여 있다고 해도 상대의 공격을 막기 위해 사용하기 전까지는 무용지물이라 할 수 있는데, 우리가 이를 사용하게 될 가능성은 극도로 희박해 보인다. 이러한 폭탄의 존재는 적에게 보복을 두렵게 만든다는 점에서 억제 효과를 유발한다는 장점이 있긴 하다. 그러나 역사를 통해 우리가 배운 것이 있다면, 앙갚음이 무섭다고 해서 전쟁이 발발하지 않는 것은 아니라는 사실이다. 적국이 신속한 승리 가능성을 엿보고, 보유한 모든 원자 폭탄을 단번에 이용하는 공격 계획을 세울는지도 모르는 일이기 때문이다.

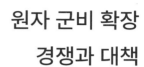

10

원자 군비 확장
경쟁과 대책

by Irving Langmuir

어빙 랭뮤어는 미국이 배출한 가장 영향력 있는 산업 과학자 중 한 명으로 1932년에 노벨 화학상을 수상하였다. 현재는 제너럴 일렉트릭(General Electric) 연구소에서 부국장으로 근무 중이다. 1945년, 그는 다른 미국인 과학자들과 함께 소비에트 연방의 과학 아카데미 기념회에 참석한 적이 있다.

이제 우리는 원자 폭탄을 보유하게 되었고, 계속 만들기 위하여 재료를 축적하고 있다. 이 프로그램에는 연간 5억 달러가량이 지출액으로 잡혀있다. 영국도 원자 폭탄을 생산하기 위하여 계획을 세우는 중이라고 밝혔다. 11월 6일, 몰로토프Molotov가 말했다. "우리도 원자 에너지를 보유해야 한다. 그리고 그것 외에도 다양하게 보유해야 한다."

이로써 원자 군비 확장 경쟁이 시작되면서 모든 국가가 불안감에 동요하게 되었다. 그러나 유엔의 모든 가입국들은 그 무엇보다 미래 안전을 희망한다. 원자 에너지와 원자 무기에 사용되는 물질들을 통제하는 국제기구의 필요성이 가장 시급한 상황이다. 만일 통제가 통하지 않는다면, 과거 모든 군비 경쟁이 그러했듯이 이번 군비 경쟁 또한 전쟁으로 막을 내리게 될 것이 분명하다.

원자 군비 확장 경쟁의 단계 나는 이러한 군비 확장 경쟁에서 보이는 일련의 단계들을 분석하고자 한다. 첫 번째 단계, 미국만 원자 폭탄을 보유하고 비축한다. 이에 다른 국가들도 원자 폭탄을 제조할 준비를 시작한다. 이 기간 동안, 우리의 입지는 안전하다. 두 번째 단계, 한두 국가가 원자 폭탄을 생산하기 시작할 무렵, 미국은 적국의 모든 도시를 초토화할 수 있을 정도로 다량의 폭탄을 보유하게 될 것이다. 이 기간 동안, 우리는 비교적 안전한 편이다. 세 번째 단계, 적국의 모든 도시를 초토화시킬 수 있는 수량의 폭탄을 비축한 국가가 많아질 것이다. 이 단계에서는 어떠한 국가도 안전하지가 않다. 웬만하면 어느 국가든 공격에 보복으로 응답할 것이므로, 기습의 장점이라고는 거의 다 사라질 것이다.

원자 군비 확장 경쟁이 오랫동안 지속된다면, 폭탄 제조 원가를 낮추는 방법을 찾거나 수천 배 강력한 새로운 폭탄을 고안할 가능성도 존재한다. 현존하는 유형의 폭탄 대략 10,000개가 미국에 투하되면, 미국 내 도시들 대부분이 파괴될 것으로 추정된다. 그러나 그 면적은 약 100,000제곱마일로, 미국 전역의 3퍼센트 정도에 해당된다.

군비 확장 경쟁의 네 번째 단계에서는 원자 폭탄 혹은 방사성 독이 전국 방방곡곡으로 퍼져 국토 전체가 사실상 쑥대밭이 될 것인데, 이 상황에서는 제대로 된 보복을 가하기란 불가능하다. 이러한 전쟁의 승리자는 실질적으로 전 세계를 지배하는 셈이기 때문에 다른 원자 폭탄의 존재로 입지가 위태로워지는 일은 없다. 만일 원자 군비 확장 경쟁의 네 번째 단계 지경에 이르게 된다면, 모든 국가가 극심한 불안감에 시달릴 것이고, 결국, 파멸을 면하기 위하여 차라리 먼저 전쟁을 시작하는 것이 낫다고 판단하는 국가가 생길 것이다.

각국이 군비 경쟁의 네 단계를 통과하는 속도는 원자 폭탄 생산 과정에 내재하는 난관을 극복하는 속도에만 좌우되는 것이 아니라, 동기가 미치는 영향 또한 아주 상당하다. 그 동기로 말할 것 같으면 바로 다음과 같다. '세상에 이 많은 국가들이 목표를 달성하고자 얼마나 많은 노력을 기울일까?'

노력을 유도하는 자극으로는 두 가지가 있다. 첫째, 체면 문제. 둘째, 극심한 불안감. 이러한 불안감은 아마도 국제 정세에 따라 시시각각 변동할 것이다. 현재 원자 폭탄을 보유하고 있는 국가는 미국밖에 없기 때문에 군비 경쟁의 초기 단계는 주로 다른 국가들이 미국의 의도를 어떻게 해석하고 이해하느냐에 따라 결정된다. 따라서 1945년 11월 15일에 미국, 영국, 캐나다가 트루먼-애틀리-킹 선언서를 통해 '솔선수범'하겠다고 공표한 것은 매우 의의가 있는 행보라 할 수 있겠다.

소비에트 연방의 원자 개발 가능성 미국 다음으로 원자 폭탄 제조에 성공하는 국가는 영국과 캐나다가 될 것이란 점에는 의심할 여지가 없다. 처칠은 일찍이 "영국은 지체 없이 원자 폭탄을 제조하여 안전하게 보관해 둘 것을 결정하였다"라고 말하기도 했다.

그러나 러시아는 막대한 자원과 인력을 보유하고 있다. 국토 면적이 대략 9백만 제곱마일에 달하고 인구수는 1.95억 명이 넘는다. 1934년에서 1940년에 이르기까지, 그들은 여느 국가들과 달리 유화 정책을 펼치지 않고 군사적 대비 프로그램에 착수하였는데, 이는 침략 목적이 아니라 독일의 침공에 대한 방어 수단이었다. 국민의 생활 수준을 향상시킬 수 있는 상황이었음에도 불구하고, 그들은 군사 프로그램 투자를 택하였다. 러시아의 군사 준비를 극히 과소평가하였던 독일과 미국의 군사 전문가들은 러시아가 독일 군대를 스탈린그라드^{Stalingrad}에서 베를린으로 격퇴할 때 내보인 위력에 충격을 금하지 못했다. 러시아는 비행기 제작 능력이 월등히 뛰어나며 수년 동안 세계 최고 장거리 비행 기록을 보유했다. 이전 장에서 러시아제 탱크의 효율성이 독일과 미국이 보유한 탱크와 비교되었으니, 이 부분은 잘 알리라 믿는다.

원자 폭탄 프로젝트에 우리가 들인 비용은 러시아가 지난 전쟁에서 군사적으로 준비하기 위해 지출한 금액에 비하면 상대적으로 적을 것이다. 효율성 측면에서 볼 때 원자 폭탄은 다른 무기에 비해 비용이 대략 10분의 1 정도밖에 소요되지 않기 때문에 아무리 원자 폭탄 프로그램이 대규모로 진행되었다 하더라도 러시아가 육군과 해군의 재래식 무기에 통상적으로 투자했던 총비용 보다는 훨씬 덜 들었을 수밖에 없다.

러시아인들은 강인하고 거친 개척자 인상을 풍기며, 이전 전쟁에서 이룬 업적에 자부심을 갖고 있다. 그러므로 체면 문제가 그들에게는 강력한 자극제가 되어 그들로 하여금 원자 에너지를 제어하는 법을 깨우치게 만들 것이다. 만일 변화하는 국제 정세로 그들이 불안감마저 느낀다면, 단언컨대, 러시아는 그 어떠한 나라가 따라잡을 수 없는 압도적인 규모로 원자 폭탄 개발 프로그램에 착수할 것이다. 러시아라면, 독일을 상대로 전쟁을 치르기 위해 준비했을 때와 마찬가지로 해당 프로그램에 자원을 동원하여 5년이 될지 10년이 될지 모르는 이 계획에 보유 능력의 10퍼센트에서 20퍼센트까지도 쏟아부을 것이다. 전쟁 전, 미국은 순수 과학 연구에 국민 소득의 오직 0.04퍼센트 정도만을, 그리고 산업 연구에는 0.25퍼센트를 투자하였다. 그리고 전쟁 기간 동안에는 원자 폭탄 프로젝트를 포함하여 연구에 지출을 늘림으로써 그 수치가 대략 1.5퍼센트에 달했었다.

이러한 방대한 프로젝트에서 러시아는 초반에 저조한 성과를 보일 테지만, 모든 주요 프로젝트에서 언제나 성공한 그들답게, 계획에 따라 단계가 진행될수록 신속하고 꾸준한 성과를 얻게 될 것이다. 그들은 큰 프로젝트에 상당히 익숙하다. 근래 러시아에 방문했을 때, 공기 대신 산소를 사용하는 대형 용광로를 지속적으로 가동하기 위해 그들이 거의 1억 달러를 들여 파일럿 플랜트를 지었으며, 이제 완공 막바지에 접어들었단 소식을 전해 들었다. 이 플랜트를 설계하기 전에 시행했던 시험 가동을 통해 특정 규모의 용광로에서 공기를 산소로 대체했을 때 생산량이 다섯 배가량으로 급증한다는 사실이 입증되었다. 당시,

러시아는 철강 산업을 대대적으로 개조하기 위하여 20억 달러에 달하는 프로젝트를 검토하고 있었는데, 이는 강철과 철의 생산 비용을 상당히 절감하는 효과를 불러올 것이다.

만일 군비 경쟁이 지속된다면, 러시아는 분명히 3년도 채 안 되어서 두 번째 단계(폭탄 제조를 시작하는 단계)에 도달할 것이다. 그러면 그것으로 끝이 아니라, 우리보다 훨씬 빠른 속도로 원자 폭탄을 비축할 것이 뻔하고, 우리보다 먼저 세 번째 혹은 네 번째 단계로 넘어갈 것이다. 이 경쟁에서 그들에게 유리한 점을 짚고 넘어가자면, 바로 다음과 같다.

1. 인구수가 많다. 국민은 엄격히 통제될 뿐만 아니라 장기적인 국방 프로그램을 위해 생활 수준을 희생할 각오가 되어 있다.

2. 이목을 끄는 동기 부여 체계로 산업 생산의 효율성을 빠르게 증대시킨다.

3. 실업자가 없다.

4. 파업이 없다.

5. 순수 과학과 응용 과학의 가치 및 중요성이 아주 높이 평가되고 있다.

6. 여타 국가에서 고려하는 수준보다 훨씬 광범위한 과학 프로그램이 벌써 계획되었다.

러시아의 과학자 앞서 언급된 동기가 부여되고 원자 폭탄 규제는 실패한 이 시점에, 러시아에서 대규모 원자 폭탄 프로젝트가 일사천리로 이뤄질지 여부는 전적으로 그 국가의 과학자 양성 능력에 달렸다. 최근 발표에 따르면, 러시아에는 현재 기준으로 대학교가 790곳이 있으며 전쟁에도 불구하고 학생의 수가 꾸준히 상승하고 있다고 한다. 그들은 자국 내 교육 방식이 대폭 향상되었다고 확신하고 있다. 들은 바에 따르면, 러시아인들은 자신들이 산업에 필요한 숙련된 노동자를 예상보다 훨씬 빨리 훈련시킬 수 있다는 사실을 지난 전쟁 기간 동안에 깨달았다고 한다.

그러나 많은 사람들이 러시아에는 과학자 수가 부족할 뿐더러 과학자를 양성하는 교육 시설 또한 충분하지 않으므로, 인력난 탓에 적정 시간 내에 원자 폭탄을 제조하는 것은 무리라고 믿는다. 일례로, 그로브스 장군만 해도 상원 원자 에너지 위원회에 출석하였을 때 러시아가 원자 폭탄을 제조하려면 20년에서 60년까지도 걸릴 수 있다고 진술했다.

기회가 닿아, 1945년 6월에 모스크바와 레닌그라드^{Leningrad}에서 개최된 소비에트 연방 과학 아카데미^{Academy of Sciences of the U.S.S.R.} 창립 220주년 기념회에 참석하게 되면서, 나는 러시아의 과학 개발 실정을 가까이에서 보게 되었다.

대형 오페라 하우스에서 개최된 본회의에 약 3,000명이 참석하였고, 러시아 및 다른 여러 나라들의 과학 역사는 물론, 두루 관심을 가질 만한 주제들이 선별되어 논문이 발표되었다. 100명이 넘는 외국인 과학자가 이 기념회에 초대되어 참석하였다. 모스크바와 레닌그라드에서 열여드레를 보내는 동안, 우리는 과학 아카데미 산하의 일흔여덟 개 연구 기관 중 일부에 방문하여 과학자들과 많은 토론을 나눴다. 나는 주로 화학과 물리학 분야의 연구 기관들을 방문하였다. 맡은 업무에 대하여 자유롭게 이야기하며 연구소를 구경시켜 주던 러시아 과학자들의 모습이 상당히 눈에 띄었다. 특히 상냥한 태도와 진심 어린 헌신은 매우 인상 깊었는데, 그들은 정치적 규제가 없는 환경에서 자신들의 계획에 따라 과제를 수행해 나가고 있었다. 그리고 미국이었다면 절대로 불가능했을 부류의 과학 연구까지 전쟁 기간 동안 수행하고 있었다. 연구의 상당 부분은 장기적인 성격을 띠고 있었는데, 이는 전쟁 종식 이후 산업 개발의 토대를 탄탄하게 마련하기 위한 계획의 일환이었다. 이러한 일에 종사하는 남성들은 군 복무를 미루는 것이 가능했다.

그곳에서 만난 사람들에게서 장기간의 평화와 안전을 향한 갈망이 역력히 보였으며, 그들의 계획 또한 평화와 안전이 가능하리란 희망과 믿음을 간접적으로 내비쳤다. 1934년에서 1940년까지, 독일이 언제 침공할지 몰라 항시 전전긍긍했던 그들은 1945년 6월, 추축국이 전쟁에서 패함으로써 불안정했던 시기가 마침내 막을 내렸단 사실에 크게 안도했다. 그리고 황폐해진 지역을 복구시킬 계획을 세우고, 미래의 생활 수준을 미국 정도로 끌어올리거나 그 이상으로 윤택하게 만들 토대를 쌓을 기대에 부풀었다. 이런 프로그램에서 과학은, 순수 과학이든 응용과학이든 간에 압도적인 역할을 할 것이 분명하다. 과학 아카데미 건물은 근래 개조되고 개선되었지만, 그들은 현재 가지고 있는 것보다 최소 다섯 배 혹은 열 배는 더 큰 건물을 새로 지을 계획임을 밝혔다.

러시아에서 과학자의 삶이란, 여름용 별장과 자동차 등등의 혜택을 제공받는 것은 물론 사회적 지위가 격상되는 인생을 의미하는데, 이러한 우대책이 그들로 하여금 분야의 선도자가 되고자 노력하게 만드는 자극제 역할을 한다. 그 일환으로 이번 과학 아카데미 회의에서는 약 1,400명이 상을 받았는데 예컨대, 사회주의 노동 영웅^{Hero of Socialist Labor}이라 칭하는 최고 명예는 열세 명에게 수여되었다. 그리고 레닌 훈장^{Order of Lenin}은 196명에게 수여되었다. 이 상은 불과 몇 주 전 몰로토프도 받은 것이었다. 당시 『모스크바 뉴스^{Moscow News}』에 '과학은 국민을 위해 복무한다'라는 제목으로 다음과 같은 기사가 게재되었다.

…소비에트 연방에서만큼 과학자가 국가적으로 배려를 받고 사회적으로 존경을 받는 나라는 없다…

…국가는 과학자에게 최상의 생활 조건과 근무 환경을 제공하고 사후에는 남은 가족들이 편안한 삶을 영위할 수 있도록 책임을 진다…

유럽에서 전쟁이 종식되고 단 한 달 만에 이러한 아카데미 회의를 개최하였단 사실에 우리는 주목해야 한다. 크렘린 궁전에서 스탈린이 참석하고 몰로토프가 사회자로 나서는 연회를 개최하며 1,100명을 초대하기도 했었는데, 이러한 호화로운 접대가 과학을 향한 러시아인들의 애착을 여실히 보여준다. 그곳의 모든 연설에서 과학의 국제적 성격이 강조되었다. 전 세계 과학자들 모두가 언제나 협력해 왔으며 국가 간의 적대감은 일말의 영향을 미친 적이 없다는 말과 함께, 다른 분야들 또한 전 세계적으로 유사하게 협력하는 법을 배울 수 있길 바란다는 뜻도 표명되었다.

그러나 그들은 8월에 일본에 투하된 원자 폭탄에 큰 충격을 받은 모양이었다. 러시아의 과학자들 대부분이 그토록 바라왔던 안보가 난데없이 끝을 맺고, 1934년에서 1940년까지 겪었던 불안정한 상태로 되돌아간 셈이었다. 나의 개인적인 생각으로는, 모스코바 회의 전까지 러시아가 국제적 합의에 도달하지 못했던 것은 아무래도 미래 안보에 대한 실망감에서 비롯되었던 자연스러운 반응인 것 같다.

원자 폭탄 보유를 '신성한 신탁'으로 여기는 미국의 정책에 러시아는 의구심을 품고 있는데, 그들을 이해하려면 다음과 같은 질문을 우리에게 던져 봐야 한다. 만약 우리에게는 원자 에너지 개발 계획이 추호도 없는데, 전쟁 막바지에 적절한 협의도 없이 러시아인들이 베를린에 원자 폭탄을 투하했다고 한다면, 미국의 여론은 어떠했겠는가? 몇 달 뒤에 러시아 정부가 신성한 신탁이랍시고 원자 폭탄을 비축하고 있다는 사실을 발표했다면, 우리의 불안감이 과연 해소되었을까?

러시아와의 협정 근거 11월 15일 선언에는 유엔 기구를 통해 "상호 신뢰 분위기를 조성함으로써 정치적 합의와 협력이 증대"될 수 있으리란 희망이 담겨 있다.

다 같이 협력하고 원자 폭탄을 세계적으로 통제하기 위한 기반을 모색하고자 한다면 우선, 모든 국가가 공통적으로 고민하는 문제들을 고려해야 한다. 세계 정복을 꿈꾸는 국가는 없고, 모두가 갈망하는 것은 안정감, 고용 보장, 더 나은 노동 환경, 그리고 국민의 높은 생활 수준이다. 그리고 더 찾아 본다면 이런 문제들 외에도 다양한 공통 사항들이 있을 것이다.

그런데 원자 무기에 대한 세계 통제를 방해하는 심각한 장애물이 존재한다. 우리는 러시아와 미국이 서로를 이해하는 정도가 상당히 낮다는 점을 고려해야 한다. 우리는 그들의 정부 형태를 탐탁지 않아 하고, 그들 또한 우리의 정부 형태를 탐탁지 않아한다. 그들은 우리의 파업과 실업 실태를 달갑지 않아하고, 우리는 언론과 여론을 통제하는 그들의 태도를 달갑지 않아한다. 그들은 우리의 신문에서 거짓 진술을 다수 찾아내지만, 우리는 그 안에 적힌 글이 사실이라고 믿는다. 러시아의 신문들은 그들이 미국을 좋아하지 않는 이유가 미국이 자본주의자, 재벌, 부르주아에 의해 통제되고 있기 때문이라고 말한다. 그들은 러시아인들이 누리고 있는 것이야 말로 진정한 민주주의라고 주장하고, 우리는 그들이 민주주의를 일절 누리지 못하고 있다고 주장한다. 이러한 상황에서 공포심과 불신을 누그러뜨리기란 여간 어려운 일이 아니다.

각 국가의 정부 형태는 근본적으로 다르다. 그러나 국경 안에서 각자의 정부 형태를 유지할 권리가 있다는 점에는 다들 동의할 것이다. 최근, 정복 국가와 해방 국가에서 정부를 수립하는 문제에 관해 의견이 충돌했다.

미국의 정책은 일반적으로 네 가지 자유Four Freedoms와 대서양 헌장Atlantic Charter에 입각하고 있다. 1941년 1월, 루스벨트 대통령은 네 가지 자유를 발표하였는데, 그중에서 첫 번째는 "전 세계 어디에서나…… 자유로운 언론과 의사 표현"이다. 루스벨트 대통령과 처칠 총리가 발표한 대서양 헌장에는 여덟 개의 조항이 들어 있다. 두 번째 조항에 명기되어 있다시피, 우리 두 국가는 "우리 국민이 자유롭게 표명하는 소망에 부합하지 않는 영토적 변화는 원치 않는다." 그리고 세 번째 조항을 통해 언명되었다시피, 양국은 "모든 국민이 그들이 사는 국가의 정부 형태를 선택할 권리를 가지고 있단 점을 존중"하며 "강압적으로 박탈당했었던 주권과 자치 정부가 회복되길 희망한다."

현실 문제에 추호도 적용되지 않는 구호나 이상적인 원칙이 세계 문제를 해결해 줄 수 있으리라는 미국식 믿음이 다른 국가에게서 협조를 불러오는 데에 장애물로 작용하고 있다. 우리의 이상을 다른 국가에 적용시킴으로써 야기되는 문제는 미국과 러시아에서 민주주의와 언론의 자유가 의미상 어떠한 차이점을 가지고 있는지 깊이 들여다보면 해결될 수 있을 것이다.

민주주의에 관하여 러시아인들은 정형화된 어법을 사용하는 경향이 있다. 1945년 11월 3일, 『소비에트 뉴스Soviet News』에 V. 바슈코V. Baushko 교수가 '소비에트 민주주의Soviet Democracy'라는 제목으로 기고한 다음과 같은 글이 적절한 예시이다.

……물질만능주의 나라에서는 민주주의가 지속될 수 없다. 헌법으로 선언한들 소용이 없다. 착취당하는 자와 착취하는 자로 나뉘는 사회에서는 결단코 평등이란 것이 존재할 수가 없다. ……인쇄소와 신문사, 그리고 심지어 집회장마저도 부르주아의 것이라면, 노동자에게 언론, 의사 표현, 단체의 자유는 있을 수가 없다……

……반면, 소비에트 연방에서는 국민이 공권력을 행사하고, 착취자 계층이 없으므로 인간이 인간을 착취하는 것이 애초에 불가능하며, 사회주의 경제가 민주적 권리와 자유를 보장한다. ……국민의 관계에 있어서 인종 간, 계층 간 증오가 근절되고 우정으로 대체되며 국민은 과학과 문화를 마음껏 향유할 수 있다.……

우리는 발칸 제국과 일본에 민주주의 형태의 정부가 들어서야 한다고 판단하고 있는데, 이 부분은 러시아 또한 동의하는 듯이 보인다. 그러나 우리는 일본에 우리의 것을 거울로 삼은 민주주의를 제안하면서도, 정복되었다가 해방된 발칸 제국에 러시아가 그들 개념의 민주주의를 거울로 삼는 것을 반대하고 있다. 만약 다른 이상을 가진 국가와 진정으로 잘 지내길 바란다면, 우리가 생각하는 자유와 민주주의 개념을 강요해선 안 된다. 이러한 문제는 슬로건이라는 수단으로 해결되는 것이 아니라, 타협과 현명한 정치 수완을 필요로 한다.

우리와 러시아는 언론의 자유도 서로 다른 시각으로 바라보고 있다. 다음 인용문은 10월 혁명^October Revolution 28주년을 기념하며 1945년 11월 6일에 몰로토프가 발표한 보고서에서 발췌한 것이다.

…소비에트 체제의 강점은 국민과의 친밀감에서 비롯된다. 의회 민주주의와는 다르게 진정한 대중성을 지니고 있다. 그러므로 새로운 유형으로 등장한 소비에트 국가는 기존 유형에는 내재되어 있지 않은 과업을 맡게 된 격이다. 소비에트 국가는 세계 평화를 수호하고 국민 간의 우정과 협동심을 정착시키고자 소비에트 국민을 정치적으로 교육할 의무가 있으므로 … 또 다른 침략과 파시즘의 부활 준비 시도를 모두 다 폭로해야 한다. … 소비에트 연방 헌법에서는 죄악, 강도, 폭행을 찬양하는 행위뿐만 아니라 국가 간 증오와 반유대주의 등등을 부추기는 행위 또한 금지한다. 소비에트 민주주의하에서는 당연히 '규제'되는 것들이 다른 국가에서는 안타깝게도 태연하게 자행되고 있다. 언론과 의사 표현의 자유가 잘못 해석되고 있는 일부 국가에서는 … 파시즘에 고용된 용병이 가면으로 제 정체를 가릴 생각도 하지 않은 채 침략과 파시즘에 대하여 마구잡이로 선전 활동을 이어나가고 있다.…

이를 통해 러시아인들이 아메리카에 널리 퍼져있는 언론의 자유를 극단적으로, 완전히 다른 개념으로 바라보고 있단 사실을 알 수 있다. 네 가지 자유의 첫 번째에 따라 '전 세계 어디에서나' 언론의 자유가 우리의 방식으로 존재해야 한다고 강요할 순 없다. 우리의 방식이 일본에서 우세하다면, 러시아인들로서는 이 주제에 있어서 그들의 신념이 발칸 제국에 적용되지 말아야 할 합리적인 이유를 찾을 수 없다.

미국인들은 러시아의 언론이 정부에 의해 통제되고 있다는 이유 때문에 그들의 보도를 웬만해서는 신뢰하지 않으면서도, 정작 선전 기관이 악의를 담아 우리의 신문에 왜곡된 뉴스를 상당량 싣고 있다는 사실은 인지하지 못하는 눈치이다. 런던 내 폴란드 정부에서 근무하던 폴란드인 열여섯 명이 러시아 콘퍼런스에 초대를 받은 뒤 체포되어 재판을 받고 있다는 기사가 우리의 신문에 실렸고, 샌프란시스코 콘퍼런스에서 스테티니어스Stettinius 장관이 이 소식을 언급하며 강조하였는데, 바로 이 사건이 적절한 예시라 할 수 있겠다. 이후에 스테티니어스는 이 기사의 내용이 사실무근이라고 밝혔다. 모스크바에서 대사로 활동하고 있는 해리먼Harriman의 설명에 따르면, 애초에 모스크바 콘퍼런스에 폴란드인 열여섯 명이 초대받은 적이 없었다. 오히려, 폴란드인 열여섯 명이 러시아인들을 공격할 목적으로 무기를 배포한 죄로 폴란드 내에서 체포되었다고 한다. 나는 그 폴란드인 열여섯 명의 재판에 몇 번 참관하였다. 재판은 공정하게 치러졌다. 그들 중 상당수가 무죄 판결을 받았고 10년 징역형이 최대 형벌이었다. 피고들은 러시아를 향한 공격 행위에 자랑스러워했으며 그중 한 사람은 폴란드가 흑해로 향하는 출구를 얻을 수만 있다면 기꺼이 러시아와 맞서 싸우겠다는 의지를 밝혔다. 신문에 처음 보도되었던 소식이 실상은 허위 사실로 판명이 났는데, 이 사실을 정확히 아는 사람을 나는 미국 땅에서 단 한 명도 보지 못했다. 보아하니, 정정 기사 보도는 티가 나지도 않았던 모양이다. 이러한 그릇된 행위가 러시아와 우리의 관계에 악영향을 미치고 있다.

러시아 정부와 미국 정부는 민주주의와 언론의 자유를 다른 시각으로 바라봄으로써 생기는 고질적인 문제들을 허심탄회하게 논의해 볼 필요가 있다. 미국과 러시아가 서로를 제대로 이해하지 못하는 까닭 중에서는 상대 국가로 여행을 가는 이들이 드물다는 사실도 한몫을 한다. 최근에 에드가 스노우Edgar Snow는 러시아 내에 미국인이 고작 260명밖에 없고 미국에서 러시아 여권을 소지한 사람은 약 2,000명이란 사실을 지적했다. 두 나라 간의 여행을 도모하는 것이 막대한 도움이 될 것이다. 때마침, 몰로토프도 11월 6일 연설에서 이러한 교류가 양국에 바람직하다고 말하였는데, 그가 한 말을 옮기자면 다음과 같다. "다른 국가의 삶을 접함으로써 우리 국민은 많은 것을 배우고 시야를 넓힐 수 있을 것이다."

러시아에서 미국의 신문과 정기 간행물 배포 규제를 철폐하고 미국에서는 러시아의 기사를 막지 않는다면 양국의 관계는 훨씬 개선될 것이다. 그런데 지금 우리나라에서는 러시아에 관해 말을 아주 많이 하거나 러시아의 관행을 칭찬했다가는 누구든 하원 비미(非美) 활동 위원회House Un-American Activities Committee에 조사를 받게 된다는 것을 잊지 말아야 한다. 그나마 매우 희망찬 신호로 비춰지는 사실은, 최근에 러시아가 신문사 특파원들에게 자국이 점령 중인 영토의 모든 지역에 방문할 것을 권유하였단 점이다.

11월 16일 선언에서 국가 간에 과학자와 과학 정보를 교류하자는 제안도 제기되었다. 그리고 1945년 6월에 러시아는 외국인 과학자 약 120명을 러시아로 초대하여 과학 연구에 관한 모든 정보를 공개하며 본보기를 보였다.

러시아는 대부분의 중요한 과학 논문을 러시아어뿐만 아니라 영어로도 게재하고 있다. 러시아와 더불어 심지어 시베리아에서도 학교에서 모든 어린이를 대상으로 영어를 가르치기 시작했다. 러시아인들은 독서를 즐기는 민족이므로 영문 서적과 학술지를 읽게 되는 순간, 양측의 이해도는 한층 더 깊어질 것이다.

사찰 문제 과학자들 간의 교류는 효과적인 사찰로 향하는 길을 활짝 열어 줄 것이므로 효과적인 세계 통제를 위해 반드시 필요한 절차라 할 수 있다. 이 부분에 관해서는 뒤에서 실라드Szilard 박사가 자세히 다룰 테지만, 이번 장에서 특정 측면을 짚고 넘어가고자 한다.

전 세계적인 안보를 진심으로 갈망한다면, 효율적인 사찰 체계를 원하는 것이 순리라고 믿는다. 이 체계에는 우라늄 공급원 사찰은 물론, 원자 에너지에 사용되는 물질을 만드는 공장 사찰도 포함된다.

버나드 브로디Bernard Brodie는 U-235나 플루토늄으로 동력을 만드는 대규모 플랜트가 존재하지 않는다면 사찰은 아주 용이할 것이라고—1945년, 예일 국제 연구소Yale Institute of International Studies에서 발행된 『원자 폭탄과 미국의 안보The Atomic Bomb and American Security』를 통하여—주장하였고, 유리Urey 박사 또한 상원 원자 에너지 위원회에 출석하였을 때 이 부분을 힘주어 말하였다.

평화로운 시기에 핵반응이라는 새로운 지식은 생물학, 화학, 물리학 분야에서 위대한 발견을 가능하게 함으로써 과학의 발전 속도를 간접적으로 높이는 효과를 발휘할 것이며, 궁극적으로는 우리에게 커다란 혜택을 안길 것이다. 파일 한두 개로 방사성 물질을 소규모로 생산하면 이러한 혜택을 얻는 것이 가능하다. 반면, 원자력을 대규모로 사용하면, 생산되는 물질이 순식간에 원자 폭탄 제조에 이용될 수도 있다. 이것은 매우 심각한 사찰 문제를 야기한다. 석탄과 석유의 대체품으로 원자력을 상업적으로 활용함으로써 얻는 이득은 원자 폭탄의 존재가 야기할지 모르는 위기에 비하면 하찮을 정도로 미미하다.

그러므로 효과적인 세계 통제와 불가피한 사찰에 심각한 걸림돌이 될 것이란 점이 확실하다면, 모든 원자 폭탄과 그것을 제조하는 모든 대형 플랜트, 그리고 비축된 모든 U-235와 플루토늄을 제거하는 것이 바람직하다.

보유한 모든 원자 폭탄을 유엔의 안전 보장 이사회에 넘기자는 제안도 제기되고 있다. 비축된 원자 폭탄이 유용한 목적에 이용될 리가 만무하다. 원자 폭탄은 정의에 쓰이는 무기가 아니다.

단계별로 차근차근 노력하여 원자 무기를 효과적으로 통제하게 되면, 전 세계에 신뢰가 쌓이고 자연스레 다른 무기들도 금지 혹은 통제되는 메커니즘이 생길 것이다. 그러면 원자 폭탄이 인류의 모든 전쟁을 종식시키도록 도와준 참된 발견이었다고 여기게 되는 날이 언젠가 오는지도 모른다.

11

그래서
결론이 뭘까?

by Harold C. Urey

해럴드 C. 유리는 중수소를 발견한 공로를 인정받아 1934년에 노벨 화학상을 수상하였다. 1940년 6월부터 우라늄 위원회(Uranium Committee)의 회원이 되어 컬럼비아대학교에서 원심 분리법과 기체 확산법을 이용해 U-235를 분리하는 프로젝트를 지휘하였다. 현재는 시카고대학교에서 근무하고 있다.

19세기에 들어서며 대량 생산의 요소와 기술들이 개발되었다. 기술은 나날이 발전하여 평화로운 목적에 활용되었으며, 특히 그러한 현상이 두드러진 이 나라에서는 거의 모든 것이 대량으로 생산되는 오늘날에 이르게 되었다. 이 방식이 없었다면 미국이 지금처럼 높은 생활 수준을 영위하기란 불가능하였을 것이다. 이제 자원을 적정히 보유한 나라라면 어디든 대량 생산을 통해 생활 수준을 격상시키는 것이 가능하다. 금세기에 들어선 뒤 과학적, 공학적 발견이 대거 이뤄졌고, 이 지식들은 생활 수준을 높이는 데에 크게 이바지하였기 때문이다.

그러나 불행하게도 대량 생산 방식과 과학적 발견이 전쟁 목적에도 이용되기 시작했다. 이 방식과 발견을 전쟁 목적에 응용하기 위해서는 그것들을 연습할 기회가 필요했다. 전쟁 목적에 대량 생산을 적용해 볼 기회를 처음 제공한 것은 제1차 세계 대전이었다. 그러나 이때는 대량 파괴 기술의 초급 과정에 불과했었다. 이후 제2차 세계 대전이 상급 과정 기회를 주었고, 전쟁 막바지에 우리는 교훈을 확실히 배우게 되었다. 오늘날, 우리에게는 과학적 지식, 공학 기술 능력, 견문, 대량 생산을 기반으로 전쟁을 치르는 데에 필요한 산업 노하우가 있다. 현대식 자동차가 포드의 모델 T, 혹은 말이나 마차와 다르듯이, 다음 전쟁은 과거와 생판 다른 면모를 보일 것이다. 다음 전쟁은 파괴 측면에서 매우 성공적일 터이므로 우리 문명의 물리적, 인적 기반은 거의 다 사라질 것이다. 우리의 과학 기술과 대량 생산 기술은 이제 원자 폭탄뿐만 아니라 아직 세상에 드러나지는 않았지만 어딘가에 숨겨져 있을지 모르는 다른 무기들도 아우른다.

현재, 우리를 우려하게 만드는 무기로는 항공기, 무인 비행 폭탄(V-1), 로켓 폭탄(V-2), 그리고 원자 폭탄이 있다. 어쩌면 원자 폭탄을 운반하는 데 이용되는 수단이 아직 대중에게 밝혀지지 않았을 뿐, 실제로는 일부 개발되었을 수도 있다. 이번 전쟁에서는 원자 폭탄을 운반하는 데에 B-29 폭격기 한 대만 이용되었을 뿐이지만, 이 두 무기의 조합은 일본을 더는 버틸 수 없게 만들었다. 미래에는 대량 생산 방식으로 제조되는 이 무기들 때문에 이 세상 그 누구도 전쟁에서 버티지 못할 것이다. 이런 염려 때문에 미래에는 전쟁이 발발하지 않으리란 뜻이 아니다. 막대한 파괴가 신속하고 고효율로 이뤄질 것이므로 전쟁이 오래 지속되지 않으리란 뜻이다.

오늘날 우리의 세상에 등장한, 그리고 이 책에서 앞서 설명된 원자 폭탄에 관한 사실들을 되짚어 보도록 하자.

효율성이 압도적으로 증대되어 현존하는 방어는 물론 머지않아 발명될 그 어떠한 방법마저도 허무하고 무력하게 만들어 버릴 원자 폭탄은 여타 무기와 완전히 다른 부류이므로, 동일한 관점에서 바라봐선 안 된다. 과거에 많은 무기들이 발명되었고, 개발될 때마다 대개 방어보다는 공격의 효율성 측면에서 전보다 월등하게 향상되곤 했다. 그러나 원자 폭탄에 대항하는 것은, 현대식 군대가 기관총으로 무장하여 공격을 하고 있는데 이에 맞서 로마의 군대가 창과 방패를 들고 방어하는 꼴이다. 최신식 항공기로 실어 나르는 원자 폭탄은 고작 몇 년 만에 만들어졌지만, 지난 천 년 동안의 공격을 다 합친 수준의 위력을 지니고 있다. 이 시대에 우리가 그 어떠한 방어를 고안해 낸들, 이 무기에는 무참히 파괴될 수밖에 없다.

원자 폭탄에 대항할 방어에 관한 주제는 7장에서 리데노어 박사가 상세히 다뤘다. 그러나 여전히 일각에서는 어떠한 무기에든 방어 방법이 존재하기 마련이라고 주장한다. 그럴싸한 소리에는 늘 예외가 있는 법이다. 그런데 실제로 모든 무기에 방어 수단이 존재한다고 한들, 이 사실이 중요하긴 할까? 총알을 막을 방법이 있는가? 없다고 할 순 없지만, 지난 전쟁에서 많은 사람들이 총알에 목숨을 잃었다. 잠수함을 막을 방법이 있는가? 아무렴, 막을 수야 있다. 그러나 지난 전쟁에서 많은 선박들이 잠수함에 함몰되었다. 항공기를 막을 방법이 있는가? 방법이 있단 것은 사실이지만, 제2차 세계 대전의 주요 참전국들 중에서 미국을 제외한 모든 국가가 항공기 때문에 도시에 심각한 피해를 입거나 거의 초토화가 되었다. 탱크와 해군 함정은 물론, 크고 작은 다른 무기들에 이 질문을 해도 유사한 답변만이 나올 뿐이다.

더 효율적인 무기가 등장하면 기존 무기는 전쟁에서 사라지기 마련이지만, 그 무기가 전쟁에서 사용되는 한은 아무리 열심히 방어한다고 해도 실제로 피해가 생길 것이며 무기의 힘이 강력할수록 피해 규모는 더 클 수밖에 없다. 원자 폭탄보다 더 파괴적인 무기가 개발되면, 원자 폭탄은 이용되지 않을 것이다. 그러나 원자 폭탄이 사용되는 한, 폭탄이 투하되는 도시들은 계속 파괴될 것이다. 어쩌면 다음 질문이 논쟁의 요점을 짚을 수 있을는지 모르겠다. 미래의 어느 시점에 원자 폭탄을 막을 수 있는 아주 효율적인 방어 수단이 발명된다고 쳤을 때, 원자 폭탄을 막을 수 있는 방어 수단이 존재하다는 이유만으로 미국과 같은 나라가 해당 폭탄을 더 이상은 군사적 목적에 쓰기 적합하지 않다고 판단하고 제조를 중단하기로 결정하리라고 생각할 사람이 과연 우리 중 몇 명이나 있겠는가? 난 절대 그럴 일이 없으리라고 생각한다. 만약 미래에 원자 폭탄이 더 이상 제조되지 않는 날이 오게 된다면, 이는 효과적인 방어 수단이 등장했기 때문이 아니라 다른 이유가 발생한 탓이다. 군사적 방어 방법은 존재하지 않을뿐더러, 고안될 수 있는 수단은 전무하다. 원자 폭탄은 세계의 어느 도시든 파괴할 힘을 가지고 있고, 만일 다음 전쟁에서 이용된다면 그 힘을 고스란히 발휘할 것이다.

이 논지에는 원자 폭탄이 전쟁에서 효율적으로 이용될 만큼 충분히 낮은 비용으로, 충분한 수량이 제조되는 것이 가능하다는 전제가 깔려 있다. 안타깝게도, 이 두 가지 전제는 모두 사실이다. 우리의 생활 수준을 격상시키고 우리에게 자동차, 발전소, 화학 제품, 전기 장치 등등을 제공해 준 대량 생산 방식이 원자 폭탄을 저렴한 비용으로 다량 생산하는 것을 가능하게 한다. 현실을 직시하자면, 무기의 생산과 사용에 관한 한, 미래에는 전쟁에 비용이 덜 들어도 마치 고비용을 들인 듯한 파괴력을 경험하게 될 것이다. 규모가 작은 나라라고 해도 파멸 산업에 뛰어들길 바랄 정도로 어리석다면, 원자 폭탄을 다량으로 생산할 수 있다. 그러나 원자 폭탄을 투하하는 순간 곧이어 보복을 당하여 파멸할 것이라는 것을 안다면 거기에 뛰어들 일은 없을 것이다. 그런데 모든 나라가 이 무기 앞에서 미미한 존재이건만, 이 사실을 강력한 산업 국가들만 아직 모르는 모양이다. 지난 전쟁 전에, 약소국들은 이웃 국가와 사이좋게 지내야만 한다는 사실을 이미 깨달았다. 그런데 이제 파괴력 대비 가격이 저렴한 원자 폭탄마저 등장하였으니, 이 세상의 '모든' 나라가 사이좋게 지내야 한다는 뜻이다.

그렇다면 이쯤에서 짚고 넘어가야 할 질문이 있다. 잉글랜드와 미국 외에 다른 나라도 이러한 폭탄을 생산할까? 이 질문에 대한 답은 바로 다음과 같다. 아무렴, 만들고말고. 인간이 고안한 무기 중에 원산지에만 국한되어 존재하는 것이 과연 있기는 한가? 원자 폭탄 생산은 까다롭고 복잡한 사업이지만, 탱크와 항공기뿐만 아니라 전쟁에 이용되는 주요 무기들 모두가 생산 과정이 까다롭고 복잡하기는 매한가지이다. 현재로서는 미국이 세계 최대 산업 강국이고, 그 어떠한 나라보다 빠르게 무기를 생산할 수 있을뿐더러 실제로도 만들어 냈다. 그러나 다른 나라가 생산에 관하여 자세한 정보를 깨우치고 방법을 개선시킬 리가 없다고 생각한다면 큰 오산이다. 만에 하나 미국과 잉글랜드 국민 중에서 그렇게 믿고 있는 이가 있다면, 그들은 현재 극도로 위험천만한 망상에 빠져 있다는 뜻이다.

다른 나라가 이 무기를 발명하기까지 얼마나 걸릴까? 그 기간에 대하여 다양한 추측이 오가고 있다. 이 폭탄 생산에 일조한 과학자들과 공학자들은 대부분 5년에서 10년 사이를 예상한다. 그리고 소수는 그 이하를 예상하고, 일부는 그 이상을 예상한다. 9장에서 자이츠와 베테 박사는 설득력 있는 추론을 통해 6년 이하로 추정한다. 이 모든 문제를 해결하려면 우리에게는 많은 시간이 필요할 터이므로, 부디 원자 폭탄 제조 기간이 단축되지 않고 예상보다 아주 오래 걸리길 바랄 뿐이다.

원자 무기 개발과 생산 측면에서 다른 나라보다 앞서 있는 한, 미국은 안전할 것이라고 주장하는 이들이 있다. 그러나 이 나라가 영원히 선도할 가능성은 전무하고 얼마나 오랫동안 앞설지 여부는 그 누구도 장담할 수가 없다. 다른 나라가 분명히 우리를 따라잡는 날이 올 것이며, 어쩌면 그 기간은 우리의 예상보다 짧을지도 모른다. 그런데 폭탄의 수량이나 효율성 측면에서 미국이 다른 나라를 앞선들, 그게 우리에게 무슨 이득으로 작용하겠는가? 유리한 시점에 다른 나라를 공격이라도 할 작정인가? 혹여 공격을 감행이라도 한다면, 그 뒤에는 해당 국가가 장차 폭탄을 제조할 수 없도록 우리 군대를 주둔시켜야 할 것이다. 세계 인구의 약 7퍼센트 가량이 나머지의 목을 발로 짓밟아야 한다는 뜻이다. 책임감과 고충, 그리고 수반되는 여타 문제들을 보아서는, 아무래도 우리는 사태를 제대로 헤아려 본 적도 없거니와 자발적으로 이 역할을 맡게 된 것도 아닌 듯하다.

향후에 다른 나라가 미국의 도시 및 전략적 표적을 파괴하기 위하여 원자 폭탄을 충분히 확보하는 날이 오게 된다면, 우리도 그들의 도시를 파괴해야 할 위치에 놓이게 되는데, 이때는 그들이 먼저 이용한 폭탄 수량의 몇 배를 우리가 보유하고 있다 하더라도 소용이 없다. 적정 수량만으로도 적의 주요한 군사적 표적을 쑥대밭으로 만들 수가 있기에 여분 폭탄은 쓸모가 없다. 만약 이 가상의 적이 우리의 군사적 표적을 파괴할 수 있을 만큼의 폭탄 수량을 보유하고 있다면, 대체 어떻게 우리가 이 적을 계속 앞설 수가 있겠는가? 원자 폭탄은 차원이 다르다. 어느 국가든, 어느 도시든, 어떠한 표적이든, 철저히 파괴하고 그 안에 있는 거주자들을 살해할 수 있는 무기이다. 이러한 상황에서, 표적을 두 번 파괴하고 사람을 두 번 죽이는 것은 불필요하지 않겠는가. 그러므로 원자 전쟁에서는 다른 나라를 앞질러 봤자 소용이 없다.

이번에는 방어 수단, 특히 도시들을 분산시키고 지하로 내려가는 대책에 대하여 이야기해 보자. 현재로서는 이 대책이 지금껏 제안된 방어 수단 중에 그나마 제일 효율적인 방법, 단 하나뿐인 임시방편, 공격의 효력을 누그러뜨릴 수 있는 유일한 방안으로 사료된다. 그러나 주택, 산업, 교통 시설을 이동시키는 데에는 제2차 세계 대전 당시에 우리가 들였던 금액에 맞먹는 비용이 소요될 것이다. 비용만 문제가 아니라, 산업의 경우에는 보통 운송 시설, 동력과 원자재 이용의 편의성 등등 여러 경제적 이점을 고려하여 최적의 위치에 시설을 세우기 마련이므로, 분산은 산업 체계의 효율성을 여러모로 떨어뜨릴 수밖에 없다. 집중은 제조 공정에서 매우 유용하기 때문에 산업에서 필수 조건으로 작용된다.

도시 분산이 불러일으키는 심리적 문제도 엄청날 것이다. 많은 사람들은, 아니 대부분은 타인이 이해하든 말든, 이런저런 이유로 자신이 원래 살고 있는 지역과 환경을 좋아하기 때문이다. 분산은 우리의 삶에 아주 직접적인 영향을 미친다. 만장일치로 분산 계획에 동의할 리도 없을 뿐더러 간신히 반을 넘긴 과반수가 찬성하더라도 소수는 격렬히 반대할 것이다. 제기된 방안에 따르면, 분산 계획을 실행에 옮기는 데에는 15년이 걸릴 것으로 예상되며, 일단 시작되면 그 기간 안에는 반드시 성사시켜야 한다. 시간이 매우 촉박한 듯하지만, 우리 모두의 삶에 위협이 도사리고 있으니, 이를 실행에 옮기게 될 가능성도 없지는 않다. 어쩌면 실행 과정에서 독재 정권이 들어설 수도 있다. 그리고 훨씬 더 대단한 폭탄을 확보한 적이 우리의 경제와 국민을 동시에 파괴하기로 마음을 먹는다면, 도시 분산은 결과적으로 결정적인 방어 역할을 수행하지 못할 것이다. 원자 폭탄은 이미 아주 효율적인데 반해 가격이 저렴한 무기인데, 시간이 흐를수록 효율성은 더욱 높아지고 비용은 더욱 절감될 것이다.

중대한 플랜트들을 지하에 설치할 수는 있겠지만, 굳이 왜 그렇게까지 해야 하는가? 이를 통해 지상에서 벌어지는 살상을 막을 수 있는 것도 아니다. 군수 공장과 시설이 국민을 수호하지 못한다면 존재의 목적은 도대체 무엇이며, 플랜트의 파멸을 막는다 한들 무슨 소용인가? 만약 해군, 육군, 공군, 그리고 원자 폭탄이 국민과 재산을 수호하지 못한다면, 군대가 자기방어를 하거나 말거나 뭐가 중요한가?

이 책은 원자 에너지의 평시 유용성보다는 군사적 위협 측면을 주로 다루고 있지만, 평시 유용성은 군사적 이용에 영향을 미치므로 이 두 가지를 동시에 들여다보는 것이 옳다. 의료용 방사성 물질의 경우에는 U-235나 플루토늄과 같은 핵분열 물질을 다량으로 다루는 대규모 플랜트 없이도 확보가 가능하다. 반면, 원자력 발전소에서 쓰이는 물질의 양은 폭탄을 만들기에 충분하다. 모든 화학 플랜트에서는 물질이 일부 소실되기 마련이고 플랜트마다 손실 실태는 다르기 때문에 폭탄에 이용되는 물질을 다른 목적인 것처럼 둔갑시키는 것은 비교적 쉬운 편이다. 플랜트를 운영하는 이들이 작정한다면, 기록은 비교적 쉽게 위조될 수 있다. 이미 운영 중인 플랜트에서 물질의 용도를 은근슬쩍 변경하는 것을 어떻게 해서든 철저히 저지하려면 이러한 플랜트 건설을 처음부터 막을 때보다 훨씬 더 치밀하고 광범위한 사찰 시스템을 적용해야 한다. 용도 변경 가능성은 세계인의 신뢰 형성에 방해가 된다. 그리고 원자 폭탄의 세계적 통제 기구에 대한 신뢰는 매우 중대하므로 이를 고취하기 위해서는 할 수 있는 모든 노력을 기울여야 한다. 적절한 통제로 먼저 신뢰를 굳건히 형성시킨 '다음에' 발전소 운영을 고려해야 한다.

세계 통제가 확립되어 신뢰가 적정 수준으로 보장될 때까지, 어느 나라에서도 대규모 발전소를 운영하지 못한다고 했을 때, 어떠한 손실이 발생할지 잠시 고려해 보자. 이 상황을 심도 깊게 다룬 4장을 보면, 즉각적인 원자력 사용에서 딱히 월등한 경제성은 보이지 않는다. 어쨌든 원자력은 유용한 에너지 자원이 없는 곳에서 가장 합리적으로 이용될 수는 있다. 예컨대, 석유와 석탄이 발견되지 않는 캐나다 북부와 아마존 강 유역 외 다른 여러 지역들에서 말이다. 반면 선박에 원자력이 사용되면 재급유와 연료 저장이 필요 없어 좋지만, 한동안은 채산이 맞지 않을 것이다.

해군 함정은 경제적 요인을 중요하게 따지지 않기 때문에 그 어떠한 선박보다 원자 에너지를 가장 많이 소비할 것이다. 그러나 이러한 해군 함정을 건조하고 운항할 계획을 세운다면, 추가 전쟁 준비도 결정해야 하며, 그 다음에는 더 크고 더 대단한 원자 폭탄 제조를 결정할 수밖에 없다. 왜냐하면 논리적으로 생각해 봤을 때, 우리가 해군 함정이나 여타 전쟁 수단을 사용할지 모른다는 위협적인 조짐을 다른 나라들이 감지하고 이러한 폭탄을 사용하게 될지도 모르기 때문이다. 원자력이 해군 함정용으로 개발된다면, 세계는 무조건 원자 무기 확장 경쟁에 돌입할 테고 우리는 다시 이 폭탄의 사용과 방어 문제로 회귀하게 된다. 원자 폭탄 통제는 불가피하게 모든 전쟁 무기 통제로 이어져야만 한다. 전쟁을 끝내겠다면서 원자 폭탄 제조만을 통제하고, 원자 폭탄 플랜트 가동이 가능해질 때까지, 다른 무기로 전쟁이 발발하거나 말거나 놔두는 것은 어리석은 행위이다. 전쟁을 철저히 폐지하는 것이야 말로 무기 사용을 막는 길이다. 특히 해군 함정에 원자력이 사용되는 순간, 원자 에너지의 군사적 이용 통제에 복잡한 문제를 야기할 것이고, 이로써 통제에 반드시 필요한 신뢰도는 급락할 것이 뻔하다.

원자 에너지를 이용한 대규모 발전소 건설 계획을 미뤄야 원자 폭탄 통제가 수월하다. 가장 바람직한 결말을 이루기 위한 대가치고는 상당히 저렴하다. 그렇다고 방사성 물질 사용도 미뤄야 한다는 것은 아니다.

자유 vs. 원자 무기 확장 경쟁 미국의 국민은 개개인이 자유권을 누리며 살고 있다는 사실을 으레 자랑스러워한다. 이 공화국은 탄생 초기부터 노래와 연설로도 자유를 칭송하였다. 우리의 독립 선언서 첫 번째 문장에서도 자유가 언급되고 있다. 전 지역, 모든 공개 석상의 연설마다 자유에 대한 찬양 일색이었다. 그러나 항상 완벽한 것은 아니었기에 국민 대부분은 살면서 한 번쯤 이 원칙을 침해 받았고, 일부는 일평생 그런 일을 겪으며 살고 있다. 그럼에도 이 나라의 인구수와 존속한 기간을 고려해 보면, 우리 개개인이 누리는 자유는 인류의 역사를 통틀어 존재한 모든 자유를 다 합친 것보다 크다고 할 수 있다.

이러한 환경에 이를 수 있었던 것은 다양한 요건이 뒷받침되었기에 가능했다. 우선 이 나라에 정착한 초기 개척자들의 전통은 절대 잊혀서는 안 된다. 그리고 정치적 자유는 잉글랜드의 마그나 카르타^{Magna} ^{Charta}에서 비롯되었으나 이 나라의 국민은 유럽의 의형제들보다 훨씬 먼저, 막대한 수준의 자유를 찾았다. 광활한 대서양 덕에 외부 침략으로부터 안전할 수 있었고, 나라를 무력하게 만든 기나긴 남북전쟁^{Civil} ^{War} 기간 동안에도 외세에 짓밟히지 않고 우리 스스로 내부 문제를 해결할 수 있었다.

그러나 운송 수단이 개선되는 수준을 넘어, 항공 수송이 개발되고 발전됨에 따라 대서양은 점점 방어 역할을 하지 못하게 되었고, 오늘날에는 아예 방어 효과가 없다고 볼 수 있다. 금세기에 들어 이 나라는 두 번이나 국가와 중대한 국익을 지키기 위하여 부득이하게 이 나라의 아들들을 유럽으로 내보내 싸우게 했으며 최근 전쟁에서는 아시아에까지 내보내야 했다. 캐나다, 호주, 뉴질랜드 등등의 상황도 우리와 매한가지였다.

현대식 항공기의 출현에 더하여 이제는 원자 폭탄까지 등장한 탓에, 지금껏 자연 환경 덕에 방어 효과를 톡톡히 보고 있었던 이 세상 모든 나라들은 천혜의 요새를 잃은 셈이다. 이제 강, 산, 바다는 방어 수단으로서의 가치가 완전히 사라졌고, 우리는 두 번 다시 자연의 혜택을 볼 수가 없게 되었다. 이러한 방어 혜택이 사라지면서 이 나라의 자유가 심각하게 침해를 받는 처지에 놓였고, 사실을 직시하자면, 그 침해 위협은 이미 시작되었다. 개국 초기부터, 우리는 우리의 군사력이 어느 정도인지 늘 인지해 왔으나 오늘날에는 우리에게서 선출된 대표들조차 군사력의 규모를 알지 못한다. 현재 제조되고 있는 원자 폭탄은 해군, 육군, 그리고 공군의 군비와 상응하는 수준임에도, 그 양이 어느 정도인지 우리에게 공개되지 않고 있다. 의회조차도 그 규모를 모르다는 사실은 다른 나라에 위협 요인으로 작용되면서 나라 간의 관계에 심각한 악영향을 끼친다.

이미 시작되어 현재 진행 중인 원자 무기 확장 경쟁이 계속 이런 식으로 지속된다면, 이 분야의 중대한 문제에 관하여 이 나라의 국민에게 제공되는 정보가 차츰차츰 줄어들어 결국은 공공의 영역에서 소수의 권력자가 내린 결정을 국민이 맹목적으로 따르는 상황이 발생할 것이다. 군비의 규모를 알지 못하니, 이 나라의 국민은 본인들이 선출하여 워싱턴에 앉혀 놓은 대표들에게 모든 중대한 사안들을 전적으로 믿고 맡기는 수밖에 없다. 그러면 독재자가 구세주 행세를 하며 대중 앞에 불쑥 나타날 것이다. 적절한 공청회 절차도 없이 메이-존슨 법안$^{May-}$ $^{Johnson Bill}$을 의회에서 통과시키려고 했던 시도에 주목해야 한다. 전쟁부에서 제출한 이 법안에 따르면, 원자 에너지에 대한 모든 통제권을 소수에게 이양해야 하고, 이들의 어떠한 행위도 철저한 공개 조사를 받을 필요가 없으며, 이를 강행하려는 이는 대가를 치러야 한다고 한다. 이 법안이나 이와 유사한 법안이 의회를 통과하고 대통령의 서명을 받게 되는 순간, 미국 국민은 최초로 주권을 포기하게 되는 셈이다. 메이-존슨 법안의 의도와 영향을 예를 들어 설명하자면, 독일 라이히스

타크^{Reichstag}가 히틀러에게 권력을 이양한 것과 매우 유사하다고 볼 수 있다. 물론, 통과된 법률안 하나 때문에 대의 정치가 완전히 무너지는 것은 아니지만 말이다. 이 법안에 담긴 광범위하고 처참한 의미를 아는 사람이 별로 없다. 그런데 이러한 법안이 통과된다는 것은, 우리의 대의 정치와 권리 장전이 종말의 길로 들어선다는 뜻이다.

대체 왜 이런 일들이 벌어지는 것일까? 원인은 공포심이다. 원자 폭탄이 이 세상 모든 사람들에게 위협적인 대상이기 때문에 문제를 해결하기 위해 물불 가리지 않고 극성스러운 방법이 제안되고 있다. 군비 경쟁이 지속된다면, 이러한 일들이 연달아 발생할 것이다. 사람은 겁에 질리면, 응당 과학의 자유를 짓밟는다. 우리는 다른 나라가 두려워 원자 폭탄 보유 수량을 숨기고 있다. 폭탄이 우리가 있는 도시로 밀반입될까 봐 노심초사하고, 비밀경찰이라도 내세워서 폭탄을 찾아내게 해야 하는 것은 아닐지 고민한다. 이러다간 우리의 도시가 공격당할까 두려워 도시와 시골 주민들의 의견에 아랑곳하지 않고 도시를 분산시키려 할지도 모른다. 외부의 기습이 두려워 의회의 전쟁 선포 권한을 단 한 사람에게 이양하게 된다면, 그 사람이 과연 누가 될지는 모르겠지만, 사람인 이상 분명히 그 권력에 영향을 받게 될 것이다. 그렇게 한 사람이 독재자로 변모하는 것이다. 절대적인 권력은 사람을 절대적으로 부패시키기 마련이다.

모든 나라에서 같은 형세를 보이고, 결국은 온 세상이 공포에 질리게 될 것이다. 그중에서도 산업이 최고로 발달된 나라일수록 공격에 가장 취약해질 것이며 원자 폭탄에 공격을 받을 가능성도 가장 높을 것이다. 이 무기는 제2차 세계 대전을 종식시킴과 동시에 미국의 방어가 종말을 맞이했음을 알렸다. 그리고 우리의 자유는 위협을 받는 처지에 이르렀다.

왜 이런 공포심 앞에서 벌벌 떨어야만 할까? 과감하게 상황을 파악하고 공세를 취해야 하는 것이 아닐까? 미국은 최대한 많은 나라들과 동맹을 맺고, 그들을 이끌어 나머지를 정복하려 할지 모른다. 그러한 임무를 맡는 순간, 이 나라는 인력과 물자의 대부분을 공급해야 할 것이다. 막대한 노력은 물론, 엄청난 희생이 뒤따를 것이다. 목적을 달성하고자 하는 의지가 있고 궁극적으로 성공한다는 가정 하에, 이 국가는 지구상에서 가장 미움 받는 나라로 등극할 것이고, 증오는 한 세기, 아니 아마도 그 이상 지속될 것이다. 그리고 정복한 땅에서 저항 세력이 일어나지 않도록 항상 예의 주시해야 할 것이다. 우리 국민은 역사의 모든 정복자들과 마찬가지로 야수가 되어갈 것이다. 이는 올바른 해결책이 아니며, 우리의 전통을 고려해 볼 때, 우리 국민에게서 이 계획을 끝까지 밀어붙일 의지와 결단력을 모으는 것은 애초에 불가능하다는 결론이 나온다. 원자 폭탄에 대한 해결책으로 나온 모든 제안들이 수행하기 어렵다는 점에서는 다 똑같지만, 개인적으로는 이것이야 말로 가장 불가능한 제안이라고 판단한다.

원자 폭탄의 등장은 인간의 사고력에 끊임없는 혼란을 주었고, 이 무기에 함축된 의미를 깨달은 사람들이 많아질수록 혼란은 점점 확산될 것이다. 이 사실들을 종합하면 어떠한 결론이 나올까?

한계를 넘어선 크기와 파괴력을 지닌 무기가 세계인의 손아귀에 들어왔다. 이 무기의 존재와 생산 방법에 대한 지식은 절대 사라질 리가 없다. 결단코 미지의 영역으로 회귀할 수가 없다. 폭탄은 다량으로, 그리고 저렴하게 제조될 것이다. 이를 막을 길은 없다. 그 물리적인 파괴력은 우리의 이해력을 넘어선다. 원자 폭탄 공포증은 우리의 자유를 파괴할 것이다. 공세를 취하고 이 세계를 장악하려는 시도는 우리의 삶뿐만 아니라 미래 세대의 삶마저도 망가뜨리는 행위이다.

이 세계의 문명은 역사적으로 흥망성쇠를 거듭하며 지금까지 이어져왔다. 바빌로니아 제국, 고대 이집트 문명, 로마 제국을 예로 떠올릴 수 있다. 그리고 바로 여기, 아메리카 대륙에서는 잉카 제국과 마야 문명이 있다. 미래에도 흥망성쇠는 언제든 일어날 수 있다. 우리가 속한 유럽 문명이 야기한 현대 기술 전쟁으로 우리 모두 완전히 자멸할지도 모른다. 다음 세계 전쟁에서 원자 무기가 사용되는 순간, 모든 나라들과 그에 속한 모든 국민은 무력해지고, 결국은 미래에 어느 누구도 살아남지 못하게 될 것이다. 대량으로 생산되는 이 무기가 우리의 문화를 파괴할 것이고, 이 세상에 존재하는 모든 문명은 향후 몇 세기 동안 후퇴하고 약화될 것이다.

이로써 인류는 역사상 가장 위태로운 상황에 직면했다는 결론이 도출되었다.

편집자의 전언

지금까지 저자들은 각자가 맡은 장에서 원자 폭탄에 관한 사실과 우리가 처한 엄중한 상황을 기술하였다. 이 위협적인 폭탄을 제거하려면 어떻게 해야 할까? 이는 물리학자들은 물론 전 세계인 모두가 해결하길 바라는 문제이다. 국제 정세, 정부, 정치 경제학, 사회학 전문가와 정치인은 목청을 더 높여 말해야 하고, 대규모 공개 토론회에서 서로의 제안을 논의하고 비교해야 한다.

원자 재앙을 어떻게 피할까 하는 문제는 아직도 우리에게 매우 생소한 분야이다. 현재로서는 임시방편들 외에 제대로 된 해결책을 기대하기 어려운 상황이며, 그 임시방편들이 좀 더 구체적이고 명확해지기를 바랄 수밖에 없다. 다음 장부터는 이 문제에 대한 일반적인 접근방법들이 제시된다. 저자마다 접근 방법이 다르며 일부 의견은 정반대 관점을 취하고 있다. 그러나 이는 유익한 토론과 논쟁의 출발점으로 볼 수 있다. 모든 저자가 동시에 한 가지 의견만을 가져야 하는 것은 아니다. 그러나 다 같이 '하나의 세계$^{\text{one world}}$'를 염원하고 있으며, 그 뜻을 이루기 위하여 여기에 제시된 제안들을 공정하고 신중하게 고려할 것을 촉구하고 있다는 점에서 모든 저자가 한마음 한뜻이다.

12

사찰 제도로
군비 경쟁을
방지할 수 있을까?

by Leo Szilard

레오 실라드는 헝가리 부다페스트 출생으로 독일에서 활동했었으나 히틀러가 집권한 후에 잉글랜드(옥스퍼드)로 거처를 옮겼다. 1939년, 컬럼비아대학교에서 그가 행한 실험이 우라늄 프로젝트의 핵심이 되었고, 그의 통찰력이 큰 영향을 미쳐 해당 프로젝트에 정부의 지원을 받게 되었다. 그는 1941년부터 시카고 야금학 연구소에서 근무하고 있다.

과거와 마찬가지로 미래에도 강대국 간에 이해관계가 충돌하는 경우가 잦을 터인데, 해당 국가들이 갈등을 해결하지 못할 경우 분쟁을 심사하고 판결을 내려 줄 국제기구가 없다. 이러한 기구가 부재하더라도, 만일 전 세계가 인정하는 법과 정의가 존재하고 분쟁 중인 국가들이 그 원칙에 호소할 수 있다면, 직접 교섭을 통해 이해 충돌이 공정하게 해결될 수 있겠지만, 아직은 전 세계가 인정하는 원칙이 존재하지 않는다. 강대국들은 언제든 동원될 수 있는 군사력을 어깨에 짊어지고 협상한다. 군사력의 그림자 아래에서 강대국들은 으레 무력 외교를 밀어

붙이는데, 세계정세가 이런 방식으로 돌아간다면, 위기는 늘 도사릴 수밖에 없다.

이러한 배경에서 원자 폭탄의 존재가 새로운 전쟁 위기를 싹트게 하고 있다. 만일 두 나라—예를 들어, 힘이 가장 센 두 나라인 미국과 러시아—가 원자 폭탄을 다량으로 비축한다면, 양국 모두 전쟁을 원치 않는다고 하더라도 전쟁이 발발할 가능성은 높아진다.

유엔의 관할 아래에서 이뤄지는 국제 협력과 평화 유지의 틀을 건드리지 않고, 현재의 상황에서 이러한 군비 경쟁 위기를 막기 위해 우리는 과연 어떻게 하면 좋을까?

만일 미국과 러시아가 양국의 영토 내에 원자 폭탄 제조와 비축을 불허하는 협약을 체결한다면, 세계의 여타 주요 강대국들, 아니 못해도 자발적 협조의 필요성을 절감하는 국가들은 그것을 바람직한 협약으로 판단하고 같은 행로를 택할 가능성이 높다.

미국, 러시아, 그리고 여러 국가들이 이러한 협약을 맺으면, 비밀리에 위반하는 경우가 없다는 전제하에 원자 군비 확장 경쟁은 한동안 미뤄질 테고, 어쩌면 이로써 방지하는 결과까지 이루게 되는지도 모른다. 그러나 강대국에 준수를 강요할 수 있는 세계 기구가 등장할 때까지는, 각 국가는 언제든지 협약을 파기할 수 있는 법적 권리를 가지는 것이 바람직하다.

더불어 유엔 기구 산하에 있는 국제기구에 사찰 권한을 주어야 한다는 규정이 협약 내용에 들어 있어야 한다. 효율적인 사찰을 위한 방법은 무수히 많고, 이중에서 그 어떠한 방법도 완벽하지 않을 수는 있지만, 모든 방법들을 하나하나 적용하다 보면 위반이 매우 무모한 행위라는 인식이 자리 잡힐 것이다.

광석 사찰 지난 전쟁에서 효율성이 입증되었던 항공 측량은 채굴 현황뿐만 아니라 은밀한 산업 활동을 포착하는 데에도 무척 유용하다. 우라늄 채굴 작업 위치가 확인되는 즉시, 채굴된 광석의 정보를 추적하는 것이 가능하므로 우라늄이 광산에서 목적지에 도달하기까지의 과정을 일일이 파악할 수 있다. 우라늄이 저품위 광석^{a low-grade ore}에서 추출되고 있다면, 채굴 작업은 상공에서 탐지될 확률이 상당히 높다. 또한 이러한 활동은 적외선 사진에서도 쉽게 발각된다.

고품위 우라늄 광석^{high-grade uranium ore} 채굴의 경우, 광상이 발견돼도 채굴하는 광석의 양이 적기 때문에 은폐가 다소 수월하다. 그러나 인구 밀도가 극도로 낮은 외딴 지역에서 이러한 채굴이 이뤄진다면, 채굴된 광석의 양이 적다하더라도 항공 측량으로 탐지될 수밖에 없다. 측량 임무를 수행하는 국제기구는 수색 영장 발부 권한을 가지고 있어야만 한다. 상공에서 의심스러운 정황이 탐지될 경우, 조사관이 필요한 영장을 즉각 갖추고 지상에서 검사하기 위함이다.

한편, 인구 밀도가 높은 지역에서 행해지는 채굴 작업은 지역 내 거주민과 근로자의 이목에서 벗어나기 힘들기 때문에 비밀이 오래 유지되기란 극도로 힘들다.

전반적인 지질학 조사를 통해 전 세계 우라늄 매장지—우라늄 1~10퍼센트 품위의 광상부터 1~100퍼센트 품위의 광상까지 전부 다—를 미리 확인해 두면, 세계 각지에서 벌어지는 우라늄 채굴을 제대로 검사하기 위하여 어떠한 조취를 취하는 것이 마땅한지 구체적으로 결정할 수 있다.

산업 시설 사찰 U-235 혹은 플루토늄을 비밀리에 생산하는 플랜트를 탐지하는 것은 그다지 어렵지 않다. U-235를 생산하는 플랜트는 엄청난 양의 동력이 (석탄, 석유, 또는 전기 형태로) 필요하기 때문에 위치가 드러나기 십상인데, 특히 고도로 산업화되지 않은 지역에서 생산이 이뤄질 경우에는 유달리 티가 난다. 인구가 밀집된 지역에 위치하고 있다면, 존재 사실이 수많은 사람들에게 알려지고 금세 정체를 들킬 수밖에 없다.

그리고 공정에서 발생되는 열을 냉각시키기 위해 물이나 다른 무언가가 이용되기 때문에 이러한 냉각 방식에 존재하는 특수한 구조가 플루토늄을 생산하는 플랜트를 쉽게 탐지할 수 있게 만든다.

또한 플루토늄 생산 플랜트는 건설 단계에서 발각되기 쉽다. 특히 건설 초기 몇 년 간이 유독 발견이 쉬운데, 이 분야는 초반 개발 단계가 향후에 지어지는 시설에 비하여 상당히 눈에 띄는 특징을 지니고 있기 때문이다.

전문 인력 사찰 지금까지는 거의 기계적 측면의 사찰만을 논했다. 그러나 군비 경쟁 방지라는 전반적인 목표를 이루기 위해서는 원자 폭탄 제조만을 검사할 것이 아니라, 원자 에너지 방출에 기반한 무기 못지않게 흉포한 잠재력을 지닌 다른 침략전 수단들도 점검해야 한다. 즉 기계적인 측면에서 그치지 않는 획기적인 사찰 방법을 전반적인 점검에 동원하여 예기치 못했던 대량 살상 기술까지도 샅샅이 발견해야 한다. 모든 과학자, 공학자, 기술자들의 동향과 활동을 지속적으로 파악하고 있어야 플랜트 건설 단계에 돌입되자마자, 그리고 생산 단계에 진입되기 전에 위험한 활동을 탐지할 수 있다. 바로 이것이 전문 인력 사찰의 일차 목표이다.

사찰 요원은 당연히 과학 지식을 갖춘 인력으로 구성되어야만 한다. 수개월에 걸쳐 특정 분야의 지식과 사찰 방식을 습득하는 훈련을 거친다면, 과학이나 공학에 충분한 지식을 가진 대학 졸업자들은 점검 활동을 능히 해낼 수 있을 것이다. 이들은 향후에 조사관으로서 찾아가게 될 나라의 언어를 구사할 수 있도록 대학 시절에 외국어 능력을 미리 길러둬야 한다.

각 조사관은 본인에게 할당된 과학자와 공학자 약 서른 명과 지속적으로 접촉해야 한다. 물론 특정 사실을 숨기기로 작정한다면, 누구나 그렇게 할 수 있을 것이다. 그러나 무언가를 감추고 있단 사실까지 숨긴다는 것은 여간 까다로운 일이 아니다. '일류$^{high class}$' 전쟁 임무를 맡게 될지 모르는 과학자와 공학자가 100,000명이나 될 정도로 산업이 고도화가 된 나라에는 언제든 사찰이 가능하도록 국제기구 소속의 상주 요원을 대략 3,000명 정도 파견해 둘 필요가 있다. 세계를 하나의 전체로 간주하고 공학자라는 직업의 평균 수명을 대략 30년으로 계산하여, 조사관 한 명 당 서른 명을 조사할 수 있도록, 1년 동안 조사관으로 활동할 공학 전공 대졸자를 인원수에 맞게 매년 선발해야 한다. 이러한 유형의 사찰 활동이 정상적으로 집행되기 위해서는 과학자와 공학자 명단이 항상 최신 정보로 유지되어야 한다.

많은 대졸자들이 스스로 택한 기술 분야에서 지식을 확대하고 견문을 쌓길 바라므로 졸업 후에 외국에서 조사관으로 1년 간 활동할 수 있는 기회를 반길 것이다. 이러한 유형의 사찰을 성공적으로 이루기 위해서는 조사관에게 단순히 단속 요원의 역할만 맡길 것이 아니라 추가 임무도 맡김으로써 고무적인 환경을 조성할 수 있다. 다시 말해, 조사관의 업무는 사찰을 집행하고 정보를 수집하는 것에서 그치지 않고 사찰 관련 전문 지식과 기술을 전파하는 역할도 포함하여야 한다. 이들 중 상당수가 교육 활동에 적절히 배치될 수도 있다. 모국어, 다른 나라들보다 모국에서 유독 발전된 전문 과목, 그리고 모국에 대한 지식을 학생들에게 가르치면, 향후에 조사관으로서 그 나라에 파견되어 활동할 이들에게 굉장한 도움이 될 것이다.

시민의 조사관 역할 강대국과 관련한 문제를 원만하게 해결하려면, 사찰의 개념을 좁은 의미로만 바라보지 않도록 노력해야 한다.

우리는 전례 없는 원자 폭탄 위기에 맞닥뜨렸다. 원자 폭탄은 무생물의 행위에 인간의 상상력을 접목시켜 만들어 낸 결과물이므로, 그 결과물의 존재가 야기한 문제들에 대처하기 위해서는 바로 그 상상력을 인간의 행위 문제에 접목시켜야 한다. 우리의 문제를 해결하려는 시도가 처음에는 다소 의아할 수 있다. 그러나 이러한 생소한 기분이 느껴지는 것은 그저 전례가 없기 때문이다. 이 중대한 시기를 기회 삼아, 사찰 문제와 관련한 인간 관계의 문제점을 해결하기 위하여 노력해야만 한다.

명확하고 생산적인 문제 해결을 위하여, 다시 한번 미국과 러시아를 예로 들어 외국인 조사관이 아닌 양국의 현지 과학자와 공학자를 이 협약의 최고 감독관으로 간주할 경우를 논의해 보자.

과학자와 공학자는 그들이 거주하는 공동체에서 고립된 삶을 사는 존재가 아니다. 공동체의 여느 구성원들과 마찬가지로 그들에게도 충성심이 똑같이 존재하고, 그들의 충성심이 자국으로 향하는 것은 당연한 이치이다. 하지만 이러한 충성심은 상황에 따라 다르게 해석되기도 한다. 미국과 러시아가 원자 폭탄 제조를 금지하는 협약을 체결하였고 양국 모두 언제든 파기할 수 있는 권한을 가지고 있다고 가정해 보자. 이와 더불어, 이 협약이 비준되고 국법이 된 후 미국 대통령이 전국의 모든 과학자와 공학자에게 미국 영토 안에서 비밀리에 자행되고 있는 위반 행위를 국제기구에 보고할 것을 요청한다고 추가로 가정해 보겠다. 그리고 국가 안보에 관련이 있든 없든 과학적, 혹은 공학적 성질을 띤 정보를 공유하는 행위를 불법으로 규정하였던 스파이 방지법 Espionage Act이 개정되었다고 가정해 보자. 이러한 조건이 성립한다는 전제하에, 미국 내에서 대통령의 호소에 응답하지 않을 과학자나 공학자는 거의 없을 것이다.

과연 러시아의 과학자들도 비슷한 반응을 보일까? 러시아의 과학자들에 대해 개인적으로 아는 바가 별로 없으므로, 이 질문에 대한 내 대답은 과학자들 또한 인간이므로 개개인 간에 어느 정도 차이는 있을지언정 근본적으로는 전부 다 비슷비슷하리라는 생각에 근거할 수밖에 없다. 즉, 나는 러시아인 과학자라고 미국인 과학자와 본질적으로 다를 리가 없다고 믿는다.

이러한 체계가 전 세계인에게 신뢰를 얻으려면 어떠한 요건이 필요한지 이쯤에서 상세히 정의하고 넘어가는 것이 바람직할 듯하다. 서로 다른 나라의 과학자와 공학자가 긴밀히 협력할 수 있도록 환경을 조성하는 국제기관이 설치되면, 확실히 신뢰도가 대폭 상승할 것이다. 원자 에너지 분야는 대규모 협동 연구 덕에 생성된 분야 중 하나이다. 그때와 같은 협력의 틀 안에서 활동한다면, 과학자와 공학자는 누구든 업무 수행 중에 가족과 함께 외국에서 일정 기간을 보내다가 돌아오는 것이 가능하다.

이러한 부류의 기관은 두 가지 목적을 동시에 달성할 수 있다. 첫째, 과학자와 공학자는 교양이 높은 사람으로서 품어 온 숭고한 충성심을 쭉 지켜 나갈 수 있고, 좁은 의미로만 해석되곤 하던 충성심은 한 국가를 넘어 세계로 확대될 것이다. 둘째, 과학자와 공학자를 자주 또는 정기적으로 본국의 사법권 밖으로 나가게 함으로써, 자국 정부의 은밀한 위반 행위를 적절한 국제 당국에 신고하더라도 그들의 목숨이나 가족의 안전이 위험에 빠지는 일이 없도록 도울 수 있다. 예컨대, 모국의 사법권 밖에서 거주할 의향을 밝힌다면, 그들은 면책특권을 효과적으로 보장받을 수 있을 것이다. 이 경우를 위하여 해외에 거주할 수 있는 권리 또한 보장받아야 하고, 적절한 수입원도 반드시 제공되어야 한다.

어떠한 과학자나 공학자도 망명자의 삶을 쉽게 결정할 순 없을 것이다. 그러나 합당한 사찰 체계가 존재한다면, 협약을 은밀하게 위반하는 행위가 협약 파기와 군비 경쟁을 거쳐 결과적으로 전쟁이란 대참사를 일으키는, 종말의 초입에 들어서게 만드는 소행이란 인식이 자리잡게 될 것이다. 이러한 관점에서 볼 때, 과학자와 공학자는 자국의 은밀한 위반 행위를 보고해야 한다는 사실 때문에 개인적으로 힘든 시기를 보낼 수밖에 없다. 그러나 자국의 협약 위반 행위가 세계에 불러일으킬 변고에 비하면 그들의 불행은 소소하다고 생각할 것이다.

과학자와 공학자가 목숨을 걸지 않고도 자국의 위반 행위를 신고할 수 있는 여건이 확실히 보장되어야, 자국에서 비밀리에 자행되는 위반을 알면서도 혹여 생명을 잃게 될까 두려워 함구할지 모른다는 의혹을 누그러뜨릴 수 있다. 이러한 의혹이 근거 없는 확대 해석일지는 몰라도, 정치적으로 긴박한 시기에는 별의별 의혹이 고조되기 마련이고, 이 때문에 주요 강대국 중에서 결국 협약을 파기하는 나라가 나오는 상황도 발생할 수 있다.

무력 외교를 고려하는 나라는 힘의 균형을 자국에 유리하게 대폭 이동시킬 수만 있다면 협약을 파기하거나 파기를 빌미로 협박을 하고자 하는 충동을 느낄 수 있다. 잠재적인 적을 생산력 측면에서 빨리 능가하지 못해 조바심이 나는 경우든, 폭탄에 취약한 정도가 잠재적인 적보다 더 큰 경우든, 둘 다 충동을 느끼기는 마찬가지이다. 이러한 동기에서 비롯되는 충동은 협약을 파기한 직후부터 폭탄이 다량으로 제조되고 비축되기까지 오랜 시간이 걸릴수록 덜할 수밖에 없다. 평화로운 목적으로 지어진 원자력 시설이 협약 파기 시점에 존재하는가 여부와 그러한 시설에 부과된 규제의 종류에 따라서 그 시간은 6개월에서 3년 사이가 될 것이다. 따라서 향후 10년에서 15년 동안 전력 생산을 목적으로 대규모 원자 에너지를 사용하지 않기로 전 세계가 약속하는 것이 장래의 협약 파기 가능성을 낮춘다고 볼 수 있다. 전력이 극도로 부족하고 천연 자원이 희소한 나라가 많은데, 이들 나라에 비하면 미국의 경우에는 희생 정도가 상당히 낮은 편이다.

장기 계획의 필요성 그러나 안보를 위해 원자력의 평시 사용을 무기한으로 가로막을 수는 없는 노릇이며, 이러한 임시방편을 넘어선 방안을 최대한 빨리 강구해야 한다.

앞서 논의한 유형의 협약이 존재한다면, 어느 한 강대국이 협약을 파기하겠노라 선언하지 않는 한 전쟁이 발발할 리는 없을 터이므로 군비 경쟁 위기를 막고 매우 가치 있는 결과를 한결 수월하게 도출할 수 있을 것이다. 원자 폭탄뿐만 아니라 여타 치명적인 전쟁 무기 개발도 사라진다면, 특히 장거리 폭격기, 거대 전함, 상륙함과 같은 장거리 공격용 무기의 비축을 막는다면, 강대국들 간의 전쟁 위기 가능성은 희박해지고, 현재 구성된 유엔 기구하에 평화 체제가 한동안은, 웬만큼 잘 유지될 것으로 보인다. 그러나 이러한 협약만으로 영원히 평화를 지킬 수 있으리라고 확신하는 것은 금물이다.

당분간은 특정 종류의 전쟁 위기에서 벗어났다고 볼 수 있을는지도 모른다. 이 종류라 함은, 거대 강대국들이 무력 외교 법칙에 따라 계책을 부리는 무장 평화 속에서 다소 불가피하게 발발하는 전쟁을 일컫는다. 제1차 세계 대전이 바로 이러한 종류의 전쟁을 대표하는 사례라고 볼 수 있지만, 독일이 계획하에 정복에 나섰던 제2차 세계 대전은 이 부류에 포함되지 않는다. 이번 장에서 언급된 협약이 체결된다 하더라도 언제든 전쟁 발발 위험성은 존재하며, 그 날짜는 연중 어느 때가 될는지 아무도 알 수가 없다.

군비 경쟁을 피함으로써 얻게 된 휴식기가 우리에게 세계 공동체를 확립할 기회를 주고 있다. 이 기회를 활용하여 목적을 달성하려 노력하지 않는다면, 한낱 다음 전쟁을 미루는 수준에 그칠 것이고, 시기가 미뤄질수록 더욱 끔찍한 참상만이 우리를 기다릴 것이다. 우리가 직면한 문제는 이번 세기가 끝나기 전에 과연 세계 정부를 설립할 수 있는가 여부가 아니다. 세계 정부 수립 가능성은 아주 높아 보인다. 과연 세계 정부를 제3차 세계 대전을 겪지 않고도 설립할 수 있는지 여부가 우리가 직면한 진짜 문제이다. 전쟁이 언제 발발해도 이상할 것이 없는 현재, 세계 정부를 수립할 수 있는 여건을 조성하기 위하여 모두가 협력해야 한다.

이러한 과도기에는 세계 정부가 법 집행과 보호 능력을 발휘해야 결정적 시점에 도달할 수 있다. 그 시점에 도달하면, 협약 파기 권한은 사라지고 탈퇴는 불법이자 불가능한 것이 될 것이다.

이러한 장기 계획을 논하는 것은 이번 장의 주제 범위를 벗어난다. 그런데도 언급한 이유는 휴식기의 도래로 생겨난 문제점과 세계 공동체 설립에 따른 문제점이—다시 말해, 단기 계획과 장기 계획이—동시에 단호하게 대처되지 않는다면, 군비 경쟁 위기를 성공적으로 피할 수 없다는 점을 알리기 위함이다. 군비 경쟁을 진정으로 피하고자 한다면, 우리가 가진 원자 폭탄을 포기하고 제조 시설을 폐기해야만 실패 염려가 일절 없는 평화 체제를 누릴 수 있다. 우리는 위험을 감수할 줄 알아야 한다. 그리고 우리가 현재 영구적인 평화 문제 해결을 향해 나아가고 있다는 확신을 바탕으로 위험을 감수할 용기를 끌어 모아야 한다.

13

원자 에너지의
국제 관리

by Walter Lippmann

> 월터 리프먼은 정치를 주제로 다수의 도서를 집필한 작가이자 뉴욕 헤럴드 트리뷴(New York Herald Tribune)에서 15년째 활동하고 있는 특별 기고가이다. 탁월한 글 솜씨로 당대 최고의 정치 평론가 중 한 사람으로 손꼽히고 있다.

세 외무부 장관이 언급한 "평화적 목적을 위한…… 원자 에너지 관리"*를 어떻게 성취하면 좋을지 검토해 보자.

나의 임무는 정치, 정부, 법에 관해 알고 있는 현재 지식을 기반으로 이 문제가 과연 해결 가능성이 있을지 살피는 것이다. 우선, 대량 살상 기술이 발전하였다는 이유만으로 정치학이나 국정 운영 기술에서 그에 상응하는 새로운 발견이 이뤄진 것은 아니라는 사실을 명심할 필요가 있다. 어딘가에 존재하는 지적이며 도덕적인 에너지를 밖으로 끄집어내어 건설적인 목표로 방출시켜야 하지만, 우리는 이 힘을 꺼내는

---

* 1945년 12월 27일에 발표된 모스크바 삼국 외상 회의 공식 성명 중에서.

법을 아직 모른다. 우리에게 주어진 정치적 지식이라고는 원자 폭탄이 사용되기 이전 시대의 정치학밖에 없다. 극악무도한 성격을 띤 현대식 전면전이 사람들로 하여금 정치적 탐구와 실험을 열렬히 지지하도록 유도할 것이라고 으레 생각할 수도 있겠지만, 지금은 기존에 알고 있던 지식을 응용하여 아이디어를 구상해야 할 때이다.

그러나 나는 이 문제에 해결 방안을 제시하는 정치적 기본 원칙은 이미 우리 모두가 알고 있는 것이라고 주장하면서, 바로 이 부분을 입증하고자 한다. 우리 세대의 인류가 이를 적용할지 여부는 별개의 문제이다. 물론, 최고로 중요한 부분이긴 하지만, 해결책에 관한 이론이 명료하게 설명되기 전까지는 검토 단계로 넘어갈 수 없다. 실질적인 장애물을 말하자면, 사람들에게 해결책을 받아들이라고 설득하는 것인데, 이것은 그들에게 무엇을 납득시켜야 하는지 우리가 먼저 또렷이 알기 전까지는 접근할 수가 없는 분야이다.

"위반과 회피가 야기하는 위험 요소 속에서 규칙을 준수하는 국가를 보호하기 위해서는 사찰 및 기타 수단에 효과적인 안전장치"*가 뒷받침되어야 하는데, 이를 과연 어떻게 성취하느냐가 현재 당면한 문제의 관건이라는 점에는 모두 다 동의하리라 믿는다. 번스^{Byrnes} 장관은 모스크바에서 귀국한 뒤 다음과 같이 말했다.

…… 특히, 안전장치에 관한 사안은 모든 측면에서, 그리고 모든 단계에서 (유엔 총회가 설립할) 위원회의 권고를 따르기로 결정하고 합의하

---

* 1945년 12월 27일에 발표된 모스크바 삼국 외상 회의 공식 성명 중 VII, V, D를 참고하라.

였습니다. 사안에 전반적으로 내재된 본질적인 문제는 필요한 안전장치 제공 여부에 좌우됩니다……

위반과 회피에 대한 안전장치가 얼마나 효과적으로 작용되느냐에 따라 국제 규범의 효율성이 결정된다는 것은 자명한 사실이다. 즉, 각국 정부가 체결을 결정한 후에 이 국제 협약을 과연 어떻게 집행해야 하는가, 바로 이것이 근본 문제라 할 수 있다. 집행될 리가 없다고 여겨질 만한 요인이 존재한다면, 협약은 지켜지지 않을 가능성이 다분하다. 이는 국가와 국민의 생사가 걸린 중대한 일이므로 이러한 무기들을 제조할 능력을 지닌 모든 국가들이 규칙을 철저히 준수하지 않는다면, 위험을 감수하면서까지 따르려 하는 국가는 세상천지에 어디에도 없을 것이다.

선언문과 결의안은 집행 수단에 대하여 일절 제시하는 것이 없다고 하더라도 상당한 도움이 될 것이며, 실제로 종종 큰 역할을 하기도 한다. 어쩌면 교화하고, 가르치고, 영감을 주며, 미래의 가능성을 환하게 비춰줄지도 모른다. 그러나 모두에게서 동의를 받는다고 한들 이는 법이 아니므로, 우리는 세계법에 상응하는 영향력과 효력을 가진 국제 협약을 당장 만들어야 한다. 집행 가능성 여부가 가장 중대한 고려 사항이다. 이 규칙에는 반드시 집행되리라는 확고한 근거가 뒷받침되어야 한다. 정확히 짚고 넘어가자면, 각국이 자체적으로 만드는 규칙이 아닌, 국제적인 정책을 마련해야 하느냐 마느냐는 문제인데, 이는 국제 협약 집행을 우리가 얼마나 인정하고 신뢰하는지에 좌우된다.

현재, 주권 국가들 간의 일반적인 조약으로 전쟁 및 주요 전쟁 무기가 규제되거나 불법화되리라고 믿는 사람은 극소수이다. 1919년에서 1939년 사이에 많은 조약들이 서명되고 비준되었다.* 주권국들은 평화를 유지하기 위하여 국가 정책을 매개로 전쟁을 금지하며 군비를 제한하겠다고 다짐했었다. 양자 및 다자 간 상호 보호와 불가침 약속을 주고받았다. 그런데도 이러한 조약들은 전쟁을 막지 못했을뿐더러 20세기에 제2차 세계 대전이 발발했을 때 전쟁의 맹위와 참상을 전혀 완화시키지 못했다. 침략 국가들은 조약을 깨뜨렸고, 준수하는 국가들은 성공적으로 집행하지 못했다. 예나 지금이나, 그리고 미래에도 절대 통할 리가 없는 이러한 종류의 조약에 더 이상은 의존해서는 안 된다. 새 조약을 아무리 엄숙한 문체로 명문화한들, 요지와 절차를 아무리 종합적으로 상세하게 명기한들, 신뢰하는 이는 단 한 명도 없을 것이다.

그러나 우리가 당면한 현 문제를 진정으로 해결하길 바란다면, 특정 종류의 국제 조약 없이는 '시작'할 방도가 달리 없다는 것을 알아야만 한다. 이 시대의 주권 국가들이 비준하는 조약을 통해서만 국제 계획을 세울 수 있다는 사실을 반드시 이해해야 하며, 이 사실을 무시한다는 것은 당면한 문제를 회피하는 것에 불과하다. 그러므로 과거 방식의 조약에서 결함을 찾아내고, 원인을 정확히 따져 보아야 한다. 그리고 이 진단이 옳다면, 해결책이 우리 앞에 형체를 드러낼 것이다.

---

* 국제 연맹 규약(Covenant of the League of Nations), 전시 잠수함과 유독 가스 사용에 관한 워싱턴 해군 군축 조약(Washington Conference Treaties Limiting Naval Armaments), 1922년 극동에 관한 9국 공약 (Nine Power Treaty), 1925년 로카르노 조약(Locarno Treaties), 1926년 독일과 네덜란드 간의 중재 및 조정 조약, 1926년 독일과 덴마크 간의 중재 및 조정 조약, 1928년 켈로그 브리앙 조약(Kellogg-Briand Pact), 1929년 독일과 룩셈부르크 간의 중재 및 조정 조약, 1934년 독일-폴란드 불가침 조약, 1936년 오스트리아-독일 협정, 1938년 뮌헨 협정, 1939년 독일과 덴마크 간의 불가침 조약, 그리고 1939년 독일과 소비에트 연방 간의 불가침 조약을 예로 들 수 있다.

이 시대를 살면서 우리가 배운 것이 있다면, 대부분의 국제 협약과 국제법은 주권 국가들이 다른 주권 국가들에게 준수를 강요할 수 있는 권한을 가질 뿐만 아니라 실제로도 강요할 줄 알아야만 집행이 가능하다는 사실이다. 협약을 준수하는 국가들이 위반하는 국가들을 상대로 최종 단계에서 전쟁을 치를 준비와 의지가 갖춰져 있지 않은 한, 가능한 집행 방법은 존재하지 않는다. 용어에서조차 공격성이 느껴지는 외교 관계 단절, 금수 조치, 봉쇄와 같은 '비군사적 조치'도 마찬가지이다. 불이익의 다음 단계는 점점 전쟁에 가까워지는 길이라는 사실을 인지해야 더는 위반 행위를 감행하려 하지 않는다. 대사[ambassador]가 철수하는 것을 시작으로, 일련의 조치를 거쳐 전면전에 도달한다는 것을 알아야 한다. 이러한 조치가 앞으로 더욱 심각한 처벌을 받을 수 있다는 경고이자 불길한 징조라는 점이 제재 효과를 불러일으킨다. 만주에서 일본이, 아비시니아[Abyssinia] (에티오피아의 옛 이름)에서 이탈리아가, 오스트리아에서 독일이, 제2차 세계 대전 중 스페인과 아르헨티나가 제재를 받았었다. 당시, 이러한 초반 제재에는 억제 효과가 전혀 없었는데, 이는 협약을 준수하는 국가들이 마지막 제재 조치인 전쟁을 치를 준비가 되어 있기는커녕 의지조차 없었기 때문이다.

주권 국가들이 다른 주권 국가들을 상대로 국제 협약을 집행하는 것은 집단 안전 보장 방식으로 널리 알려져 있다. 이러한 종류의 국제 협약에는 의존할 수도 없거니와 실제로 의존하고 있다거나 의존하려는 국가는 존재하지 않는다. 이유가 뭘까? 병폐만큼이나 해로운 해결책이기 때문이다. 평화를 수호하는 국가들이 전면전을 막기 위하여 전면전을 벌여야 한다니, 아주 미숙하고 아주 비경제적이고 아주 혐오스럽기 짝이 없는 해결책인지라 이를 따르도록 명시된 사람들, 다시 말해 평화를 사랑하는 사람들은 실제로 절대 따를 리가 없다.

아주 많은 것들이 매달린 사안이므로 우리는 이 부분을 분명히 짚고 넘어가야만 한다. 집단적으로 위협을 가하기만 하면 어떤 국가라도 전쟁으로 한 걸음 더 다가가려고 하는 발걸음을 멈출 것이라는 주장이 종종 들려온다. 만일 그 위협에 진정성이 담겨 있다면, 즉 형식적인 의사 표시나 엄포가 아니라면, 맞는 말일 것이다. 그러려면, 위반 국가 지배자의 머릿속은 다른 국가들이 숙련된 인력과 장비를 갖추고 있으므로 언제든 전시 체제에 돌입이 가능하다는 확신으로 가득해야 하고, 법을 준수하는 국가들의 국민은 전면전을 벌일지 말지 고민하는 기색도 내비치지 않아야 한다. 이러한 상황을 가능하게 하기 위해서는, 평시에 해당 요건을 얼마나 충족할 수 있는지를 먼저 파악해야 한다. 집단 안전 보장을 책임져야 하는 국가의 시야에 정복 작전의 초기 단계는 딱히 심각하다거나 중요한 사안으로 보이지 않을 것이다. 1931년에서 1932년 사이에 벌어진 만주 점령, 1935년 에티오피아 점령, 1936년 스페인 내전, 1936년 라인란트Rhineland 재점령, 1937년 파나이Panay 사건을 떠올려 보자. 이 침공 초기 단계에 집단 안전 보장 방식이 효과적으로 작동되었다면, 이러한 공격이 저지되어 애초에 전쟁이 발발되는 것을 막을 수 있었을 것이다. 그러나 초기 침공 단계에서는 집단 안전 보장이 효과가 있을 수가 없다. 머나먼 지역에서 사소하고 불명확한 분쟁이 벌어진 것으로만 내비춰지는 상황에서 평화를 사랑하는 국가들이 전면전을 벌일 준비와 의지를 갖출 리가 만무하기 때문이다. 그들의 미준비와 무의지는 위반 국가에 특허권을 주는 셈이고, 이로써 집단 위협은 집단 엄포로 전락하게 된다.

이렇듯 위협이 현실이 될 수 있다는 명백한 근거가 있어야만 집단 전면전 위협이 제지 효과를 발휘할 수 있으나 어디까지나 최후의 수단으로만 이뤄져야 한다. 분명히 짚고 넘어가자면, 이것은 국제 협약을 집행하는 방법이 아니다. 최악으로 절박해지는 경우에 내리는 특단의 조치로서, 협약에 대한 신용이 사라지고 세계 평화가 이미 풍비박산되어 평화를 사랑하는 국가들이 생존을 위한 전쟁을 치를 수밖에 없게 될 때에만 이렇게 단결해야 한다.

당면한 사안이 아무리 심각해도 국가들의 생존이 걸린 경우, 범법자 못지않게 경찰관도 두려운 법이므로, 집단 안전 보장 방식은 이용될 수가 없다. 법률을 위반하는 국가를 처벌하는 데에 성공한다 하더라도, 그전까지는 법을 집행하는 국가들도 처벌을 당하는 듯한 고통스러운 시기를 보낼 수밖에 없다. 따라서 핵분열 물질을 다루는 연구소와 플랜트를 사찰하듯이, 통상적이고 지속적으로 해당 방식을 적용할 수는 없다. 외과 의사가 환자의 다리를 절단할 경우 자신의 팔도 함께 절단해야 한다면, 수술은 극도로 희박하게 이뤄질 것이다. 절도범, 살인자, 교통 법규 위반자를 체포할 경우 법원, 감옥, 자신의 집이 붕괴될 가능성이 있다면, 우리 도시에서 법을 집행하는 경찰은 극소수밖에 없을 것이다. 사람은 돼지 한 마리를 구워 먹기 위하여, 돼지우리를 전소시키지 않는다. 집단 안전 보장 방식은, 거듭 말하건대, 아주 미숙하고 아주 비경제적이고 든든한 구석이라고는 일절 없기 때문에 일반적, 정기적 이용으로는 부적합한 수단이다.

평화를 유지한다면서, 다수의 무고한 사람들에게 또 다른 다수의 무고한 사람들을 몰살시킬 대비를 시키는 꼴인 이러한 원칙으로는 세계 질서가 바로 설 수가 없다. 문명인이라면 결코 이를 지지할 리가 없고, 특히 개개인을 존중하고, 유죄와 무죄 그리고 책임과 무책임의 차이를 알며, 정의의 본질을 생각하는 민주주의자들은 더더욱 반대할 것이다.

해밀턴Hamilton은 "모든 위법 행위가 전쟁을 수반하고 군사적 처형이 시민의 복종을 위한 유일한 도구로 자리 잡게 된다면", "현명한 사람일수록 그런 것에 자신의 행복을 맡기려고 하지 않을 것"*이라고 말하였는데, 우리는 집단 안전 보장 방식의 실태를 실제로 경험한 후에야 그의 주장이 옳았음을 알게 되었다.

이번 장의 서두에서 나는 우리의 문제를 해결할 수 있는 중대한 정치 원칙은 우리 모두가 이미 알고 있는 것이라고 언급했었다. 이는 불가사의한 것이 아닌지라, 집단 안전 보장이 법과 협약을 집행하는 데에 왜 형편없는지 깨닫게 되는 순간, 자명하게 보인다. 이 원칙에 따르면, 주권 국가가 아니라 개개인을 국제 협약의 대상으로 삼고, 개개인에게 적용되는 법을 만들어야 한다.

---

*《연방주의자 논집》, 논문 제15호.

국권이 아주 절대적이고, 국권의 신조는 굉장히 독단적이며 교조적으로 설명되고 있는 현 국제 시대에 살고 있다고 하더라도, 앞서 언급된 원칙이 생소할 리는 없다.* 이것은 "법질서의 영역을 넓히고자 할 때마다"** 찾아 적용해야 하는 원칙이다.

미국의 헌법 입안자들은 1781년도에 무질서한 무법의 연합을 교정하기 위하여 한 가지 원칙을 적용하였다. 그리고 『연방주의자 논집Federalist Papers』에서 이 원칙을 지지하고 설명하였다.*** 정치학 분야에서 발견된 것 중에 확실히 입증된 것이 있다면, 법체계가 국가에만 영향을 미칠 경우 질서를 이룰 수 없고, 법이 개개인에 영향을 미쳐야만 집행이 가능해진다는 점이다. 법 집행 중에 '조직적이고 단결된 반대'에 부딪히지 않기 위함인데, 이러한 반대는 국민에게 충성심과 복종심을 요구하는 국가를 규제하거나 강요하려는 시도가 있을 때도 발생한다.

해밀턴의 주장에 따르면, 국민을 다스릴 "관리력superintending power"을 먼저 확립하고자 한다면—즉, 우리의 경우에는 대량 살상 무기에 대항할 '효과적인 안전장치'를 모색하고자 한다면—"연맹과는 다른 정부의 특징적인 요소를 방침에 포함시키고, 연합의 권한(우리의 경우에는 유엔

---

* 노스캐롤라이나대학교 출판부에서 발간한, 한스 켈젠(Hans Kelsen)의 저서 《법을 통한 평화_Peace Through Law》 71쪽부터 저작권 침해, 봉쇄 위반, 밀수, 불법 전투 행위 금지에 관하여 일반 국제법 혹은 조약으로 확립된 개인 책임 사례를 참고하라. 또한 1922년에 무산된 워싱턴 조약에서 잠수함 전쟁에 관한 제3조와 1884년 해저 전신선 보호 만국 연합 조약(International Convention for the Protection of Submarine Telegraph Cables)에서 제2조를 참고하라. / 시사하는 바가 많고 흥미로운 또 다른 사례로는, 1862년 아프리카 노예무역 금지 조약, 1921년 여성과 아동 인신매매 금지 국제 조약, 1923년 음란 출판물 유통 및 밀거래 금지 국제 조약, 1929년 화폐 위조 금지 국제 조약이 있다.

** 1944년 6월 뉴욕시 변호사 협회 국제법 위원회 보고서(존 포스터 덜레스John Foster Dulles 위원장).

*** 논문 제15호부터 제20호까지, 그리고 제27호도 함께 참고하라.

의 관리력이라 할 수 있음)을 (유엔 회원국에 속한) 사람들에게로 확대해야 한다."

오늘날 당면한 세계 문제를 해결하기에 앞서, '정부'라는 단어에 어떠한 의미가 함축되어 있는지 파헤치려고 하는 순간, 우리는 효과적인 해결책 마련이라는 목표와 거리가 멀어질 수밖에 없다. 이 단어를 적용하면 세계 국기, 세계 행정부, 세계 입법부, 세계 사법 제도, 세계 군대, 세계 경찰, 형사, 조사관, 세금 징수원 등을 포함하게 될 텐데, 정부의 이러한 기능 중 바람직하거나 실행 가능성이 있는 것은 전혀 없을지도 모른다. 어쩌면 일부, 또는 전부가 바람직하고 실행 가능할지도 모르지만 지금 단계에서는 이 부분을 고려할 필요성도 없고, 고려해서도 안 된다는 점을 강조하고 싶다. 특정 제도가 존재하는 세계 정부가 지금 바로 존재하지 않는다 해도, 세계법과 협약이 개개인에게 적용된다는 원칙은 구조적으로 즉시 세계인에게 적용 가능하기 때문이다.

세 명의 외무부 장관은 원자 에너지 통제 위원회에 문제를 제기하였고, 유엔 총회가 다름 아닌 바로 이 원칙을 적용해야 문제 해결이 가능하다고 주장했다. 여기에서 문제라 함은, "평화적 목적을 위한 기초 과학 정보 교환", "오직 평화적 사용을 담보하기 위한 원자 에너지의 적정량 통제", "원자 무기를 포함한 모든 주요 대량 살상 무기를 위한 국가적 군비 확충 금지"라는 목표를 달성하기 위하여, "위반과 회피가 야기하는 위험 요소 속에서… 효과적인 안전장치"를 과연 어떻게 제공해야 옳은 가이다.

이러한 규칙들은 모든 나라에 살고 있는 무수히 많은 사람들의 활동을 다룰 수밖에 없다. 과학자, 기술자, 산업가, 행정 공무원, 조사관, 판사, 국회의원, 군 사령관, 외교관, 국가 통치자는 반드시 규칙을 준수, 또는 시행해야만 한다. 규칙을 위반하거나 회피하는 경우에는 반드시 책임을 져야만 한다. 그리고 위반 혹은 회피를 강요받지 않도록 반드시 보호받아야만 한다.

인류가 법률이 명하는 바에 의존할 수 있으려면 합의된 규칙은 어느 땅에서든 최고법이 되어야 하며, 이전부터 있었던, 그리고 이후에 만들어질 모든 국내법은 세계법을 따라야만 한다. 이를 거부하는 국가는 애초에 조약에 서명하지 않는 편이 낫다. 자국의 법이 지지하지 않는 규칙을 동의하는 척하는 것이기 때문이다. 이 원칙을 적용함으로써 안전장치가 실제로 효율적으로 작동될 것이라는 밝은 전망을 가지기 위해서는 처음부터 기준이 명확하게 수립되어야 한다. 조약에 서명하는 선에서 그치지 않고, 법률 제정을 통하여 조약의 규칙을 자신들의 사법권 안 국내법으로 명시해야 진짜 비준된 것으로 간주될 수 있다.

그러나 이것으로 끝이 아니다. 원자 에너지에 적용되는 법률이 전 세계 어디에서든 근본적으로 동일해야 진정한 조약으로 자리잡을 수 있으므로, 유엔은 모든 개개인이 어느 회원국의 사법권 안에서든 이 법에 보호를 받을 권리가 있을 뿐더러 법적 책임을 다해야 한다는 점을 공고히 해야 한다. 이 경우, 법을 위반한 자는 본국에 보호를 요청할 수 없다. 해적과 마찬가지로 범법자 대우를 받아야 하고, 유엔의 회원국 어디에서든 기소되고 체포된 뒤 재판을 통해 처벌을 받아야 한다. 만일 그자가 본국의 정부 고위 공직자의 명령을 수행한 것뿐이라고 스스로를 변호한다면, 해당 정부에 해명과 조사를 요청하는 것은 비우호적인 행위가 아니라 정당한 권리란 것이 확립되어야 한다. 그리고 해당 정부가 이 요구를 거부한다면, 당연히 이는 유엔에 대한 저항으로 간주되어야 하고, 이 저항을 진압하기 위하여 전쟁을 시작해야 할지 말지에 관해 어려운 고민을 해야 하는데, 이는 어느 문명사회에서든 경험할 수 있는 일이다. 이 경우, 저항 국가의 통치자는 전범자로서 기소되어야 하고, 체포가 된 후에는 응당 재판과 처벌을 받아야 한다.

법을 지키고자 하는 과학자, 산업가, 행정가, 공무원이 만에 하나 정부에 강압을 받는다면, 유엔에 보호를 요청할 수 있어야 한다. 본국에서 탈출한 사람은 망명을 신청할 수 있다. 만일 이 사람이 수용소에 갇히게 된다면, 유엔은 해명과 공정한 공판을 촉구하고 일가친지들이 관련 소식을 유엔 회원국의 어느 정부 요원에게든 전달할 수 있게 해야 한다.

세계법을 위반하면서까지 본국에 충성해야만 하는 사람은 세상 어디에도 없다. 세계법 및 자국의 법을 위반하려는 공무원들의 음모를 폭로하는 것은 결코 매국 행위가 아니라 오히려 애국 행위라 할 수 있다. 미국 내에서 국고를 강탈하려고 하거나 권리장전에 위배되는 음모를 꾸미는 자들을 발견했을 때 그들의 만행을 폭로하는 것은 선한 양심에서 비롯되는 행위라고 볼 수 있는 것처럼 세계법 또한 같은 이치로 바라봐야 한다. 그들은 반역자, 강탈자, 배신자, 범죄자, 범법자일 뿐이다. 한편, 국내법 및 세계법을 준수하는 시민이 법을 지키기 위하여 위험을 감수해야 하는 상황에 처하게 된다면, 법을 준수하는 모든 국가와 도덕적 의식을 가진 전 인류가 당당하게 도와야 한다.

이 원칙은 세계법 아래에서 질서의 영역을 확대하는 데에 점진적으로 적용될 수 있으며, 원자 에너지에 관한 국제 협약의 위반 및 회피를 방지하기 위한 효과적인 안전장치 마련 문제를 해결하는 데에 특히 적합하다. 이번 장이 인쇄되는 이 시점에도 이러한 협약은 아직 성사되지 않았다. 그러나 1945년 11월 15일, 트루먼-애틀리-킹 선언과 모스크바 공식 성명에서 협약의 일반적인 성격과 목표가 충분히 예보되었는데, 나는 이 협약이 어떻게 준수되고 집행될 것인가가 관건이라고 생각한다.

향후 원자 에너지를 평화로운 목표와 목적을 위해 개발하고 사용할 수 있도록 제한하는 협약 사항이 기획될 것이다. 즉, 순수 연구와 광물 채굴 과정이 무기 제조로 이어질 수도 있으니, 어떠한 단계에서도 정부나 음모 가담자가 협약에서 금지하는 목적을 이루지 못하도록 원자 에너지를 비밀리에 사용하는 것을 허용해서는 안 된다고 못을 박을 것이다. 법을 준수하는 국가들이 예상 밖의 불길한 소식과 기습에 희생양으로 전락하지 않도록 폭로와 사찰 제도가 활약해야 한다. 준수 국가가 예방 및 방어 조치를 취할 수 있도록 정보가 제때 제공되어야 한다. 그렇다고 세상 모든 사람들에게 원자 폭탄을 집에서 제조할 수 있는 방법을 가르쳐야 한다는 뜻이 아니다. 타국 정부들의 동의를 얻지 못한 한은 그 어떠한 나라도 원자 폭탄을 제조할 수 없고 모두가 동의한 국제 규칙을 따라야만 한다는 뜻이다.

이 조약은 원자 에너지 개발을 국가 기밀로 만들 수 없도록 공고히 해야 하므로, 이 분야에서만큼은 당연히 정부의 주권을 무효화하고 실질적 권한을 제거하는 방향으로 설계되어야만 한다. 국가 기밀은 반역죄, 간첩 행위, 검열을 규정하는 국내법 및 규제라는 수단을 통해 유지되고, 누설을 금지하는 장치의 존재와 비밀을 파헤치려고 하는 이에게 내려지는 가혹한 처벌 때문에 더욱 깊이 묻히기 마련이다. 그러므로 유엔 회원국들이 상호 사찰에 동의하고자 한다면, 이러한 국가 기밀 문제에 있어서는 주권이 더 이상은 절대적이지 않다는 점에 동의해야만 한다. 합의된 조건과 관련된 상황에서는 검열, 반역, 간첩 행위를 담당하는 기관의 효력이 무효화되어야 한다.

주권이 거의 절대적이었던 국가들이 전쟁을 치렀던 시기조차도 비밀이 철저히 유지되기란 굉장히 어려웠고, 전반적으로 아주 불완전했다. 지금 논하고 있는 종류의 협약은 비밀 엄수를 훨씬 더 어렵게 만들 것이다. 특히 평화적인 시기에는 말이다. 이 협약으로 고위 공직자의 기밀 엄수 행위는 불법으로 규정되고, 규칙 위반을 폭로하고 조사관에게 신고하는 행위는 적법하고 정당하며 영예로울 뿐만 아니라 결코 경솔한 짓이 아님이 공고히 될 것이다.

앞서 12장에서 실라드 박사가 사찰에 관하여 상세히 다뤘다. 이번 장에서 덧붙여 말하건대, 현재 우리가 검토 중인 종류의 협약이 효력을 발휘한다면, 효과적인 사찰을 방해하는 금지 규정이 불법화됨에 따라 애국심 혹은 기소에 대한 공포심에 억압되는 상황이 크게 개선될 것이다. 조사관을 도왔다는 이유로 국사범^{a crime against the state}으로 매도되지 않고, 조사관을 방해하는 행위는 범죄로 규정될 것이다. 이 주제에 있어 국제법을 준수하고 집행하길 바라는 개개인은 법이 적용되는 순간부터 모든 협조 국가들의 단합력과 영향력을 등에 업게 되는 셈이다. 그러나 유엔 조사관들이 신원을 증명하는 배지를 착용하고 나타난다고 하더라도, 법을 준수하는 국가들이 그들에게 전적으로 의존할 수는 없다. 이들과 함께, 재외 공관과 정보기관을 적절히 배치하고, 전 세계에 언론인, 사업가, 관광객, 선교사, 학생을 산재시켜야 한다. 이론 상으로는 제2의 히틀러가 등장하여 반히틀러주의자들을 감금하거나 쥐도 새도 모르게 실종자로 만드는 경우가 발생할 수 있는데, 가족이나 친구가 법을 준수하는 국가의 요원 혹은 어느 누구에게든 소식을 전할 수가 있게 될 터이므로 이러한 악랄한 행위가 자행되는 것은 훨씬 더 까다로워질 것이다.

국제적인 과학자 단체는 현재 우리가 논의하고 있는 국제 협약을 열렬히 지지할 것이다. 이러한 협약은 기존에 확립되어 왔었던, 과학자들의 전통을 공인하고, 합법화하고, 보호한다. 그리고 과학자들이 필요하다고 판단하거나 행하길 바라는 활동을 수행할 수 있도록, 그들에게 권한을 주고, 장려하고, 동기를 부여한다. 과학자들이 없었다면 원자 에너지는 개발되었을 리가 없으므로, 그들에게 전략적으로 가장 중요한 위치를 내어 주어야 한다. 즉, 과학자들은 어떠한 국제 관리 체계에서든 자연스럽게 관리인으로 지명되어야 한다. 공식 조사관들뿐만 아니라 여타 모든 정보 및 첩보 기관에서 제출한 보고서를 검토하여 가장 전문적으로 결과를 도출할 자격을 갖춘 사람들은 바로 과학자들이다.

우리의 협약은 우선 목적이 좋고, 많은 과학자와 공학자로 하여금 이익과 직업적인 이상을 실현할 수 있게 도와주기 때문에 탄탄한 법률로 자리잡을 것이다. 다수의 사람을 제한하는 것보다는 그들에게 자유를 주는 법을 집행하는 것이 수월하다. 이러한 종류의 협약은 개개인의 자유를 활용함으로써 민족 국가의 절대주의 체제를 제한할 수 있다.

앞서 언급된 목표를 성취할 수 있는지 여부는, 우리가 현재 비준되길 바라는 조약이 국가는 물론 개개인에게 권리와 의무를 부여한다는 기본 원칙에 의거하는가에 따라 달렸다. 이 요소가 제외된다면, 해밀턴의 말마따나, 협약은 법령이 아닌 그저 선언에 불과하다. 모든 주권 국가들이 협약을 충실히 이행하고, 집단 안전 보장이라는 명분하에 일부 국가들이 전면전을 벌일 의지와 각오를 다지느냐에 해당 법의 준수와 집행이 달려 있기 때문이다.

그러나 이것이 원자 무기를 규제할 수 있는 가장 좋은 방법이라고 이론적으로 증명하는 데만 그친다면, 우리의 결론은 아무리 설득력이 있다하더라도 아무런 쓸모가 없게 된다. 그렇다면 그저 군비 확장 제한 계획에나 더 집중하는 편이 나은데, 우리는 1919년부터 1939년까지의 경험을 통해 불완전한 군비 축소는 전쟁을 막지 못할뿐더러 이를 온전히 신뢰하는 국가들에게는 올가미이자 망상에 불과하다는 것을 깨달았다. 정확히 짚고 넘어가자면, 폭탄을 가장 잘 규제할 수 있는 체계를 강구한다고 하더라도 또 다른 대전이 발발하는 순간 휩쓸려 사라질 것이므로, 우리는 원자 전쟁만이 아닌 전반적인 전쟁을 걱정해야 한다. 만일 포악한 전쟁이 또 다시 발발하게 된다면, 원자 무기뿐만 아니라 더더욱 치명적인 악성 무기*가 이용되리란 것을 우리는 예상하고 있어야 한다. 설령 전쟁이 발발할 당시에는 비축되어 있지 않다 하더라도 종전 전에는 그러한 악성 무기가 제조될 가능성이 다분하기 때문이다.

그러므로 원자 에너지 통제를 위한 특정 계획들을 심사할 때에는 전 세계적인 평화 질서를 형성하기에 앞서 방향을 면밀히 검토해야 한다. 지금 내가 강력히 주장하고 있는 원칙이 원자 에너지 통제에 얼마나 적합한지, 세계 사회로서의 국제 연합과 이제 갓 설립된 그 산하 기구에 어떠한 영향을 미치는지 살펴봐야만 한다. 일관성은 필수이다. 세계법이 원자 에너지에만 독자적으로 적용되어서는 안 되고, 평화 유지에 상충되는 다른 체계가 존재해서도 안 된다.

이 원칙에는 상충되는 것이 없다. 오히려 반대로, 우리가 현재 원자 통제 방법으로 논하고 있는 것은 유엔에서 근본 원칙으로 실제로 적용하여 이미 암묵적인 합의하에 행동으로 보여주고 있었던 것이다. 옛 연맹과 새로운 기구를 열성적으로 충실하게 따르는 많은 지지자들은 이를 다른 시각으로 바라보고 있다는 것을 안다. 그러나 내가 보기에, 유

---

* 1946년 1월 4일, 미 해군부에서 발표한 생물전 보고서를 참고하라.

엔은 실제로 일찌감치 집단 안전 보장 방식을 거부하였고, 협약 및 법 집행 방식 채택에 관한 한 개개인에게 적용되는 법으로 국제 질서를 확립하려는 태도를 명백히 보여 주고 있다.

유엔 헌장은 위반 국가를 상대로 전쟁을 허가함으로써 평화를 유지시켜야 한다는 발상을 명료하게 부정하고 있지는 않다. 정확히 짚고 넘어가자면, 헌장은 유엔의 "목적" 중 한 가지가 "평화에 대한 위협…… 을 진압하기 위한…… 집단적 조치"*를 취하는 것이라고 명시하고, "국제 평화와 안전의 유지 또는 회복에 필요한 공군, 해군, 또는 육군에 의한 조치를 취할 수"있는 권한을 안전보장이사회**에 부여하고 있다.

그러나 모두가 알고 있다시피, 5대 강대국 사이에서 이른바 거부 특권이라고 불리는 만장일치 규칙에 의거하여 이 모든 것은 무효가 될 수 있다.*** 막강한 군사력을 가진 강대국을 상대로 할 때에는 해당 국가의 동의 없이 집단 안전 보장 방식을 합법적으로 이용할 수가 없다. 이 말인즉슨, 당연히, 절대 이용될 리가 없다는 뜻이다. 세계의 다른 국가들에게 자국을 상대로 전면전을 치르라고 허가를 내릴 국가는 세상 천지에 존재할 리가 만무하기 때문이다. 더욱이, 만장일치 규칙이 다른 모든 국가에 대한 집단적 강요를 막고 있는 격이니, 혹시라도 강대국의 동맹국이나 의존국이 아닌 아주 작고, 아주 고립된 데다가 아주 약소한 국가가 있으면 모를까, 이것은 절대 이뤄질 리가 없다.

따라서 유엔은 조직의 헌장을 제정할 때 원칙적으로는 아니지만 사실

* 유엔 헌장, 제1장, 제1조, 제1항

** 유엔 헌장, 제7장, 제42조

*** 유엔 헌장, 제5장, 제27조, 제3항

상 집단 안전 보장 방식을 포기한 것이나 다름이 없다. 이에 대해 국제 정세의 흐름과는 반대된다고 여기면서 거부권을 폐지하고 집단 안전 보장 원칙을 확립하기 위하여 전력을 다하여야 한다고 주장하는 사람들이 많다. 나는 그들에게 신념을 재검토해 볼 것을 권장한다. 1919년, 평화를 지키기 위해 전쟁을 벌여야 한다는 논리에 동의하지 않았던 미국은 국제 연맹 규약을 거부하였다. 1931년에 일본을 상대로, 그리고 1936년에 이탈리아를 상대로도 국제 연맹 회원국들은 약속을 이행할 의지가 없었다. 유엔 헌장이 집단 안전 보장 방식을 따랐다면, 1945년에 소비에트 연방은 헌장에 비준했을 리가 없으며 미국 또한 거부하였을 가능성이 매우 높다.

집단 안전 보장을 거부한 강대국들을 무조건 국제적 무정부주의자라고 치부할 순 없다. 그들이 열강이기 때문이 아니라, 강대국으로서 직접적인 책임이 막중하고 결과에 즉각 연결되는 터라 집단 안전 보장의 진정한 본질을 들여다 본 것일 뿐, 오히려 그들의 판단이 옳다고 볼 수 있다. 그들이 거부한 까닭은, 오판했기 때문이 아니라 방법이 틀렸다는 것을 명백히 알았기 때문이다. 그런 논리는 정말이지, 아주 미숙하고 아주 비경제적이고 든든한 구석이라고는 없는 것도 모자라 아주 부당해서 국제 협약 집행에 보편적으로, 그리고 지속적으로도 이용할 수가 없기 때문이다.

좌우간, 헌장을 혁신적으로 수정하지 않는 한, 집단 안전 보장 방식은 원자 무기 통제는커녕 어떠한 다른 목적도 달성할 수가 없다는 것이 현실이다. 합의와 법률에 제재가 뒤따를 바에는 거부권을 폐지해야 한다고 주장하는 사람들은 이 세계의 법질서에 대한 모든 희망을 포기하는 입장을 취하는 셈이다. 거부권 폐지 외에 다른 집행 방법이 더는 없다고 한다면, 집행 방법은 아예 존재하지 않는다는 뜻인데, 그렇다면 우리는 주권 국가들이 서로 끊임없이 아귀다툼을 하는 무정부 세상에서 영영 구제받지 못할 것이라는 소리이다.

그러나 샌프란시스코 헌장에서 눈을 떼고 시야를 넓혀 유엔을 살아 있는 세계 사회로 바라보면, 사실 지난 25년 동안 그들이 집단 안전 보장을 거부하였으며, 현재 이 자리에서 우리가 논의하고 있는 그 방식, 즉 평화 파괴 및 조약과 국제법 위반을 개개인에게 책임을 묻는 태도를 취해왔음을 알 수 있다.

이제 엄중하고 심각한 책무가 공표되었다. 유엔의 모든 회원국들이 전범자들을 체포, 기소, 재판, 처벌하기로 결정하면서 이 모든 것이 확정되었다. 이의 제기는 없었고, 잭슨^{Jackson} 대법관이 뉘른베르크 재판_{Nuremberg Trial}에서 개회사로 "제가 방금 이 자리에서 낭독하였다시피, 국제적 무법 상태를 해결하기 위해서는 법과 질서가 단체와 개개인에게 동등하게 적용되어야" 마땅하므로 "정치인들이 법에 따라 책임을 질 수 있도록" "궁극적인 조치"를 취해야 한다고 말한 바로 그 순간, 우리 모두가 말과 행동으로 이 원칙^{doctrine}을 따르겠노라 약속한 셈이었다. 영국, 소비에트 연방, 그리고 프랑스 동료들이 동의하였고, 잭슨 대법관은 한마디를 덧붙여 책무를 완성시켰다. "……그리고 분명히 짚고 넘어가건대, 이 법이 최초로 독일 침략자들에게 적용되긴 하지만, 이 법을 활용해 유용한 목적을 달성하기 위해서는 지금 여기에서 심판을 받고 있는 자들을 포함하여 다른 모든 국가의 침략 행위도 함께 규탄해야만 합니다."

거부권을 채택하여 집단 안전 보장 원칙을 거부함으로써 '범죄는 언제나 사람이 저지르는 것'이고 '개인에게 적용되는 제재만이 평화롭고 효율적으로 집행될 수 있다'는 원칙을 포용한 것인데, 이 사실을 똑똑히 바라보지 못한다는 것은 유엔을 지배하는 진정한 원칙을 오해하고 있다는 뜻이다. 뉘른베르크 재판의 책무는 별안간 등장한 것이 아니라, 우리 시대의 역사에 뿌리를 내려왔던 것이 지난 두 세계 대전을 거치며 진화한 것이다. 그 책무는 여느 관습법과 마찬가지로, 경험에만 의존하고 성문화되지 않은 채 시작되었지만, 헌장만큼이나 권위를 가지고 있다. 유엔의 기본법은 헌장에만 국한되지 않는다. 헌장의 본문을 해석하기 위해서는 뉘른베르크에서 반포된 법률을 주목해야 한다.

잭슨 대법관이 개회사 중 말하고 유엔이 공인한 원칙은 다음과 같다. "범죄로 규정된 행위를 저지르는 자, 다른 이들로 하여금 범죄를 저지르도록 선동하는 자, 다른 이들과 집단, 혹은 조직과 공동 범죄 계획에 가담하는 자에게 책임을 물어야 합니다. 국제법하에 처벌 받아 마땅한 범죄로 인정되어 온 해적 및 도적 행위에 대한 개인 책임 원칙은 이미 오래 전부터 적용되어 왔고, 이는 아주 견고하게 확립되어 있습니다. 불법 전쟁도 마찬가지이죠. 국제법이 평화 유지에 실질적인 도움이 되길 바란다면, 이러한 개인 책임 원칙이 사리에 맞으므로 이를 반드시 적용해야 합니다. 오직 국가에만 적용되는 국제법은 오로지 전쟁으로 집행될 수밖에 없습니다. 국가에 준수를 강제할 수 있는 가장 현실적인 방법은 전쟁밖에 없기 때문입니다."

이제 와 돌이켜보면, 제2차 세계 대전 동안 우리는 인간관계에서 획기적인 발전을 이룩하였다는 것을 알 수 있다. 이 발전은 인류로 하여금 절대적인 주권 국가들과 속국들의 집합체였던 시대의 경계를 뛰어넘게 만들었다. 지금 세계국가가 최초로 장엄하게 형성되려 하고 있다. 단순히 제안되고 지지를 받는 수준에서 그친 것이 아니다. 원자 폭탄이라는 불길한 전조가 현재 발전 속도를 높이고 있는 것은 사실이지만, 그렇다고 해서 온전히 이것 때문에 시작되었다고 볼 수는 없다. 이 결정적인 변화는 이미 로스앨러모스, 히로시마, 그리고 나가사키에서 폭탄이 투하되기 전에 일어났다.

모든 위대한 역사적 사건이 그러하듯이, 이는 본래 의도적인 계획에서 비롯된 생산물이 아니라 경험주의적 사고를 통해 일련의 필요한 결정을 내림으로써 이뤄진 변화이다. 국제 연합 국가들은 모두 비록 시기는 서로 다를지라도 침략으로 피해를 입었던 경험이 있기 때문에 동맹을 맺게 되었다. 생존을 위한 전쟁에서는 다 같이 단결하는 수밖에 없었다. 혹독한 대가를 치러 쟁취한 평화를 공고히 할 다른 방안이 없다는 사실을 알기에 해당 국가들은 연합을 영구화하기에 이르렀다. 그러나 국제 연합 헌장을 작성하기 위해 덤바턴 오크스^{Dumbarton Oaks}와 샌프란시스코에 모였을 때, 집단 안전 보장 원칙으로는 국제 질서를 바로세우는 것이 불가능하다는 결론을 내렸다. 주권 국가로서, 주권 국가들이 다른 주권 국가들을 상대로 전쟁을 벌일 권한과 의무를 가지며 생성되는 세계 질서에는 참여할 수 없었다. 그렇다고 많은 사람들이 예상한 것처럼 유엔이 세계 질서를 향해 가던 중에 오도 가도 못하는 신세가 된 것은 아니었다. 오히려 주권 국가들만으로는 세계 질서를 형성할 수 없다는 사실을 인정하게 되었다. 비록 의도하지도 않았고 그 중요성을 인정하지도 않았던 만장일치 규정 때문에 세계 법 질서를 형성하려는 유엔의 노력이 가로막히는 듯했지만 말이다.

그러다가 우리는 독립적으로, 하지만 일제히 세계 질서를 향해 활짝 열린 길로 다 같이 이동하기에 이르렀다. 나치의 교리와 실제적인 전쟁이 보여준 학살과 극악무도한 만행은 그저 우연적인 사건이 아닌 전쟁에 원래 내재된 요소였으며, 그것을 막고자 취한 경고와 위협이 세계 질서를 향한 첫 단계의 추진력으로 작용하였다. 불행하게도 이 경고는 통하지 않았지만 말이다. 그러자 연합국들에게 추진력을 주었던 동기는 흉악한 전쟁의 원흉이 분명한 자들에게 응징을 가하고 대략적으로 정의를 측정해야 할 필요성으로 변모하기 시작했다. 연합국들은 조약, 전쟁 협약, 국제 연맹 규약 위반의 책임을 익명의 공동체 집단인 국가가 아니라 국가의 책임자에게 지우게 하는 원칙을 적용하기로 결정하였다.

이 글을 쓰고 있는 현 시점에는 뉘른베르크 재판의 결과가 나오지 않았으므로, 재판에 대하여 깊이 논하지는 않을 것이다. 공소장에 적힌 모든 혐의에 대하여 피고들이 유죄를 선고받든 무죄를 선고받든, 우리의 결론에는 아무런 영향을 미치지 않는다. 피고들 전부 다 사실은 무죄일 수도 있고, 또는 '사후법ex post facto'에 기소된 것이라고 변호하여 무죄를 받아 낼 수도 있다. 그렇지만 적법한 정부들이 다 같이 공식적으로 선언, 날인, 서명, 비준한 뒤 여러 차례 단언했던 것을 우리가 작정하고 부인하지 않는 한, 이제부터는 이것이 쭉 유엔의 법으로 이어질 것이다.

개인 책임 원칙은 도덕의식을 갖춘 문명인에게 새롭고 낯선 원칙이라고 할 수는 없다. 내가 보기에는 이것이야 말로 진정으로 전통적이고 정통적인 원칙이다. 그러나 도덕률을 거부하고 국민이 복종해야 하는 최고 법칙의 근원이 국가라고 주창하는 절대 주권 국가 이론은 비정상적인 이설heresy임에도 불구하고, 19세기 말에서 20세기 초 사이에 늘 존재했던 저항에 아랑곳하지 않고 번창하였다.

윌슨Wilson 대통령은 이설의 근거와 전제를 최초로 무너뜨린, 강대국의 수장이라는 명성을 얻어 마땅하다. 1917년 4월 6일, 그는 독일 제국 정부에 대한 전쟁 승인을 의회에 요청하면서, 우리는 독일 국민이 아닌 '그들의 지배자들'을 상대로 싸워야 한다고 주장했다. 당시만 해도, 저지른 죄에 대하여 책임을 져야 하는 독일인의 수가 많건 적건 중요하지 않았다. 전쟁 중에는 적국의 거주민들 모두를 하나의 집단으로 보았으며, 모든 사람들이 다 똑같지는 않다고 선언하는 것은 절대 주권 국가의 독트린을 위배하는 행위였다.

월슨의 메시지에서 옹호되었던 원칙은 '국제적 도덕성과 신성한 조약에 해악의 극치를 보였다는 죄목으로', 연합국들이 '옛 독일 황제, 호엔촐레른 가의 빌헬름 2세$^{\text{William II of Hohenzollern}}$를 공개적으로 규탄'하였던 베르사유 조약으로 이어졌다.

그러나 1919년도에는 신념과 편의성 문제 때문에 선뜻 나서서 원칙을 이행하려는 국가가 없었다.

반면, 1945년도에는 원칙에 따른 조치가 이뤄지기 시작했다. 반드시 이행해야만 한다는 공식 선언이 명료하게, 거듭하여 발표되었기 때문이었다. 독일이 패망하기 28개월 전인 1942년 1월 13일, 유럽 내 피점령국 아홉 개국으로 구성된 연합은 회담에서 "범죄를 명령했든, 저질렀든, 어떠한 방식으로든 가담한 자를 체계화된 정의의 수단을 통해 죄와 책임을 묻고 처벌하는 것을 전쟁의 주요 목표 중 하나로 삼는다"라고 밝혔다. 영국, 영국 자치령, 소비에트 연방, 중국, 인도, 미국이 참관했고, 이 선언은 승인되었다. 그들은 이후에도 반복적으로 유사한 약속을 했으며 이러한 선언이 뿌리가 되어 전범자 기소가 시작되었다.

유엔은 적국의 고위 관리자들과 "아직 무고한 피로 손을 더럽히지 않은 사람들"*이 미래에 잔혹 행위를 하지 않도록 막고 전범자들을 강력하게 응징하고자 창설되었지만, 그들의 원칙과 시행은 단순히 전범자를 처벌하는 것에서 그치지 않고, 그 이상으로 발전하였다. 뉘른베르크 재판을 통하여, 독일인 침략자들뿐만 아니라 미래의 모든 침략자들

---

* 1943년 11월 1일, 모스크바 삼국 회의에서 루스벨트 대통령, 처칠 총리, 스탈린 수상이 발표한 선언 중에서.

도 동일한 법에 따라 책임을 져야 한다는 원칙이 기본으로 자리를 잡게 되었다. 이 공식 약속을 바탕으로 유엔은 '세계 연맹과 세계 국가를 구분 짓는 특징'을 주요 요소로 채택한 셈이다.

과거를 되돌아보면, 미래를 예상할 수 있다. 유엔 기구는 거부권으로 무력해지는 국제 연맹이 아니다. 평화를 유지하기 위하여 고안된 법을 모든 개개인에게 적용시킴으로써 전 세계적 질서를 확립할 목적으로 설립된 세계 국가 협회이다.

인류가 세계 국가 형태를 이룩하기까지 시간이 얼마나 걸릴지, 그리고 얼마나 더 나아갈 수 있는지, 또한 무엇이 세계 국가의 입법, 행정, 사법 기관이 되는지 단호히 말할 수 있는 사람은 존재하지 않는다. 어쩌면 전부 다 실패하여 완전한 무정부 상태에 처하게 될지도 모른다. 그러나 실패할 가능성이 높다고 해서 반드시 실패한다는 얘기는 아니다. 확실히 말할 수 있는 것은—그리고 중대한 결론은—세계 국가의 잠재력이 유엔에 내재되어 있다는 점이다. 잠재력이 내재되어 있다는 말은, 유엔이 세계 질서를 지속시키는 방향으로 진화되길 바란다면 반드시 이 목표와 논리에 따라 발전시켜 나가야 한다는 뜻이다. 세계 국가가 유엔에 내재되어 있다는 것은 나무 한 그루가 도토리 한 톨에 내재되어 있다는 것과 같다. 세상의 모든 도토리가 전부 다 나무로 자라나지는 않는다. 돌 위로 떨어지거나 야생 짐승에게 먹혀 없어지는 것이 태반이다. 그러나 도토리가 성장한 뒤에 고래 혹은 난초가 되는 일은 결코 없다. 무조건 나무로만 자란다. 바로 이것이 이 유기체에 내재한 잠재력이다. 즉, 유엔은 또 다른 국제 연맹이 아니라, 세계 국가로 변모할 가능성과 잠재력을 가진 존재이므로, 우리는 그 목표를 이룩하기 위하여 전념을 다해야 한다는 뜻이다.

이 진실을 깨닫는 것은 미래에 막대한 영향을 미치는 큰 사건 그 자체가 될 것이다. 사람들에게 희망을 불러일으키는 아이디어가 행동으로 이어질 때, 활력이 샘솟고 체계화되기 때문이다. 이것은 추상적인 개념도 아니거니와 본질도 아니다. 행동에 역동성을 불어넣는 힘이다. 세계를 흔들고 변화시키는 아이디어들은 분명 존재한다.

현재의 세계 국가 프로젝트가 바로 그러한 아이디어이다. 늘 인정받은 아이디어는 아니었지만 서양 세계에서 약 2,000년 동안, 못해도 스토아 학파 철학자들이 설파했을 때부터 주욱 인간은 종족의 유산을 초월하고 이상적인 전 세계적 국가를 상상하곤 했다. 또한 인간이 하늘을 날아다닌다거나 노예로 매매되어선 안 된다는 것은 말도 안 되는 소리였지만, 오랫동안 사람들은 그 가능성을 상상했다. 항공술이나 노예제 폐지가 실현 가능한 아이디어가 되기까지 무수히 많은 우여곡절이 있었고 무수히 많은 경험과 발견이 이뤄졌다. 상황이 이러했기에 전 세계적인 법 아래에서 인류가 협력해야 한다는 이상 또한 언제나 존재했다. 무수히 많은 사건, 경험, 발견, 교훈을 통해 세계 지도자들이 현재 지점에 모이게 되었고, 많은 국가들이 진정으로 바라왔던 세계 국가를 실제로 실현시키기에 이르렀다.

고대부터 내려온 이상이 이제는 절대로 없어서는 안 될 사상이 되었고, 인간은 이 사상을 채택할 수밖에 없게 되었다. 전쟁 범죄에 맞서 정의를 실현할 다른 방법은 없다. 악용되는 대량 살상 무기에 대항할 효과적인 안전장치를 확립할 다른 방법은 없다. 국제 협약 집행이 가능한 희망적인 상황을 만들 다른 방법은 없다. 코앞에 닥친 현실적인 문제들을 시급히 해결하고 인류에게 더 폭넓고 더 위대한 평화 질서를 가져오기 위해서는, 바로 그 근본이념에 의지해야 한다. 인간 세상에 세계 질서를 창조하기 위해 우리는 절대 망설이지 말고 이 중요한 원칙을 인지하고, 선포하고, 활용해야 한다.

우리의 설득력이 아닌 진실의 필연성 때문에 결국은 사람들의 사고방식이 변화하고 지지가 쌓여가기 시작할 것이다. 세상의 모든 국가와 각국에 살고 있는 모든 사람들이 갑자기 한마음 한뜻으로 변하여 세계 국가 설립에 열화와 같은 성원을 보낼 것이라고 생각하면 큰 오산이다. 우선 일부가 납득해야만 결과적으로 많은 사람들이 납득하게 될 것이고, 예측 가능한 조건 아래 세계 정세는 오랫동안 주권 국가들과 강대국들 사이에 존재하는 경쟁의식, 연합 행위, 불안정한 균형에 좌우될 것이다. 그러나 세계의 정세가 이러하더라도, 또 다른 새로운 사건이 발생하여 해결에 긍정적인 영향을 미칠 것이다. 미국 국민들이 세계 국가 형성을 주요 외교 정책 목표로 삼길 바란다는 뜻을 적극 내비친다면, 바로 이것이 그 새로운 사건으로 작용하여 목표 성취에 가까이 다가가는 데에 도움을 줄 것이다.

우리는 이 목표를 실현시킬 수 있다. 미국 국민들은 고립된 생활이 불가능하다는 교훈을 깨달았고, 세계 열강들 사이에서 강대국 노릇을 하는 법을 모를 뿐더러, 소질도 없고, 그것이 득이 될 것이라는 믿음도 품고 있지 않기 때문이다. 직관적으로나 전통적으로, 미국인들은 안보와 고요, 그리고 위대한 성취에는 보편적 질서를 가진 평등한 법이 필요하지만 주권 국가들 간의 단순한 균형으로는 이를 결코 얻을 수 없다고 믿고 있다. 그러므로 미국의 힘과 영향력을 바쳐 세계 국가 형성을 후원하고 고집하는 것은 미국의 이상과 미국인의 이익에 부합하는 것이라고 볼 수 있다.

이것을 미국 외교 정책의 역동적인 핵심으로 삼는다면, 이 결정이 인류에 미치는 영향력은 실로 장대할 것이다. 미국의 힘은 절정에 달하였고, 적어도 당분간은 지구상에서 제조된 무기들 중에서 가장 강력한 파괴력을 보유한 국가로 입지를 굳힐 것이다. 역사의 지금 이 순간, 미국이 세계 국가 형성을 지지하겠노라 선언한다면, 많은 국가들이 즉각 동참할 것이고, 점점 더 많은 사람들이 응원할 것이란 점에는 의심할 여지가 없다.

이런 절호의 기회가 인류에게 찾아온 적은 역사상 단 한 번도 없으며, 곧바로 붙잡지 않으면 금세 놓치고 말 것이다. 민족 국가로서 자국의 이익을 추구하기보다는, 전 인류에게 도움이 되는 세계적인 이상을 실현시키기 위하여 우리의 탁월한 군사력을 이용하는 것이 바람직하다. 영토와 자원에 관한 쟁점들뿐만 아니라 종전과 평화에 관련하여 얽히고 설킨 문제들이 여전히 해결책을 기다리고 있다. 문명인인 우리는 각자의 내면에 존재하는 원시인, 고집쟁이, 악인, 그리고 바보와 투쟁을 끝내지 못할 것이다. 그러나 강대국으로서 우리가 기꺼이 함께 하려는 다른 국가들과 함께 세계법에 근거하여 세계 질서를 창조하기 위하여 전념을 다한다면, 세계 외교의 전망과 기대가 얼마나 달라질까! 비록 첫 걸음은 미미하고 어려울 수밖에 없겠지만, 이 대담한 계획을 시작하는 것만으로도 국제 정세의 모든 계산과 판단에 새로운 방향을 제시하고 인간의 삶에 설득력이 높은 목적을 선사하는 셈이다.

14

출구

by Albert Einstein

알베르트 아인슈타인은 1921년에 노벨상을 수상하였으며 아마도 현존하는 물리학자 중 가장 위대한 인물로 손꼽힐 것이다. 1939년 가을, 그가 루스벨트 대통령에게 우라늄 프로젝트의 가능성을 서술한 편지를 보냈고, 이후 미 정부에서 해당 업무가 착수되었다.

원자 폭탄이 등장함에 따라 모든 도시인들은 언제 닥칠지 모르는 파멸이라는 위협에 끊임없이 시달리는 신세에 처하게 되었다. 인간이 스스로 가치를 입증하려면, 적어도 본인들을 일컫는 명칭으로 '호모 사피엔스'를 골랐으니, 어느 정도 그 이름에 걸맞게 살고자 한다면, 이러한 위협적인 상황을 제거해야 마땅하다. 그러나 역사와 함께 발전해 온 전통적, 사회적, 정치적 형태가 바람직한 안보를 얻기 위하여 어느 정도 희생을 해야 하는가에 대해서는 여전히 의견이 분분한 실정이다.

제1차 세계 대전 이후, 우리는 국제 갈등을 해결하던 중에 역설적인 상황에 처했었다. 국제법을 기반으로 이러한 갈등을 평화롭게 해결하기 위하여 국제 사법 재판소를 창설했다. 이뿐만 아니라, 일종의 세계 의회에서 국제적 협상을 하였고, 평화를 확보하기 위한 정치적 수단을 국제 연맹의 형태로 탄생시켰다. 국제 연맹으로 하나가 된 국가들은 갈등을 전쟁으로 해결하는 방식을 범죄로 규정하고 불법화하였다.

이에 따라 국가들은 안보라는 환상에 도취되었고, 역시나 이내 쓰디쓴 실망감을 맛보게 되었다. 제아무리 정의를 수호한다는 고등 법원이라고 해도 결정을 내릴 수 있는 권한과 권력이 뒷받침되지 않는다면 존재 자체가 무의미한데, 세계 의회 또한 상황은 마찬가지이다. 충분한 군사력과 경제력을 갖춘 국가는 폭력에 의존하기 쉽고, 구두와 서류상으로만 세워놓은 초국가적 안보를 계획적으로 철저히 붕괴시킬 수 있다. 도덕적 권위만으로는 평화를 지킬 수 없기 때문이다.

유엔 기구는 현재 시험 과정 중에 있다. 결국 언젠가는 우리에게 아주 절실히 필요한, '명목뿐이지 않은 안보' 기관으로서 모습을 갖출 것이다. 그러나 내가 판단하기에, 아직은 도덕적 권위의 영역을 넘어서지 못하고 있다.

우리의 상황을 더욱 위태롭게 만들 수 있는 상황으로는 여러 가지가 있는데, 여기에서는 두 가지만 제시하겠다. 아무리 전쟁을 공식적으로 규탄한다 하더라도 자주 국가가 전쟁 참여 가능성을 고려해야 하는 상황에 처해 있는 한, 시민—특히 젊은이들—을 교육하는 방식은 영향을 받을 수밖에 없고, 사람들은 전쟁이 일어날 경우를 대비하여 효율적인 군인으로 변신하게 된다. 즉, 국가로서는 군사 기술과 사고 방식을 함양시킬 뿐만 아니라 국민에게 국가적 허영심을 주입하여 전쟁이 발발할 경우 즉각 투입이 가능한 각오를 다져 놓아야 하는 수밖에 없다. 당연히, 이러한 종류의 교육은 초국가적 안전 보장 기구의 도덕적 권위를 세우기 위하여 쏟아부은 모든 노력에 반하는 행위이다.

우리 시대가 맞닥뜨린 전쟁 위기가 한층 더 고조된 데에는 기술적 요인도 한몫을 하고 있다. 현대 무기, 특히 원자 폭탄은 방어 작전을 무너뜨리고 공격하는 수단으로서 상당한 이점을 가지고 있다. 상황이 이러한 터라, 책임을 맡고 있는 정치인들은 전쟁을 방지하기 위해 마지못해 전쟁을 치르기로 결정을 내려야 할지도 모르는 지경에 처하고 말았다.

이토록 명명백백한 사실을 비추어 보면, 나의 판단으로는, 출구는 '단 하나'밖에 존재하지 않는다.

자주 국가가 타국과 갈등을 빚을 경우에 국제적 재판 관할권 안에서 법적 근거를 바탕으로 문제를 해결할 수 있는 권리를 보장받는 여건이 확립되어야 한다.

자주 국가가 초국가적 기구의 지지를 받아 독점적으로 통제되는 군사력을 등에 업고 전쟁을 일으키는 일이 없도록 미연에 방지해야 한다.

이 두 가지 조건이 충족되어야만, 우리가 별안간 원자로 분해되어 공기 속으로 사라지는 일을 피할 수가 있다.

현재 시점에 만연하고 있는 정치적 사고방식을 고려해 보면 어지간히 착각하지 않고서야, 아니 환상에 빠지지 않고서야 근 몇 년 내로 이러한 조건들이 현실화되리라는 희망을 품기는 어려운 실정이다. 그렇다고 점진적인 역사적 전개와 함께 희망이 현실로 이뤄질 때까지 마냥 기다릴 수는 없는 노릇이다. 초국가적 군사 안보가 성취되지 않는 한, 앞서 언급된 요소들은 언제나 우리를 전쟁으로 등 떠밀 것이 뻔하기 때문이다. 국가 영역의 군사력을 초국가적 당국에 넘기는 문제를 공개적이고 단호하게 직시하지 않는다면, 권력에 대한 누군가의 탐욕보다는 기습에 대한 공포심이 더 큰 원인이 되어 우리 모두 재앙에 빠지게 될 것이다.

이 과업에 수반되는 장애물들을 고려해 보면, '한 가지'만큼은 의심할 여지가 없다. 현재 당면한 상황에서 벗어나기 위한 다른 방법, 즉 대가를 최대한 덜 치르는 방법이 없다는 것이 모두에게 자명해 질 때, 우리는 이 문제를 해결할 수 있다.

이제, 안보 문제 해결에 다가갈 수 있는 방법을 단계별로 설명하는 것이 나의 임무라 사료된다.

1. 주요 군사 강대국들이 공격용 무기 생산에 사용되는 절차와 시설을

상호 사찰하며 관련 기술 및 과학적 발견을 공유하는 것으로 공포와 불신을 감소시킬 수 있고, 영원히는 아닐지라도 못해도 당분간은 효과가 있을 것으로 보인다. 이렇게 우리에게 숨 돌릴 시간이 주어졌으니, 이 기회를 활용하여 더욱 철저한 조치를 강구해야만 한다. 궁극적인 목표가 군사력 비국유화라는 것을 명심하며 이 예비 단계를 이뤄내야 한다.

첫 단계는 후속 대책 마련에 반드시 필요하다. 그렇다고 이것으로 즉각 안보가 이뤄지리라고 과신하는 것은 금물이다. 미래 전쟁을 대비하여 군비 경쟁을 벌일 가능성은 여전히 존재하며 '잠행' 수법으로 또다시 군사 기밀 작전을 세우고 전쟁 준비 사실, 방식, 수단에 관한 정보를 숨기고자 하는 유혹에 항시 동요할 것이다. 진정한 안보는 군사력 비국유화 여부에 달렸다는 점을 명심해야 한다.

2. 각국의 군대 간에 군사 및 과학 기술 인력 교환을 꾸준히 늘림으로써 비국유화의 토대를 마련할 수 있다. 자국군을 체계적으로 초국가적 군사력으로 전환시키고자 하는 목표를 이루기 위해서는 먼저 신중하게 정성들여 계획을 세운 뒤에 이에 따라 교체를 진행시켜야 한다. 혹자는 국민적 정서가 약해지리라고 기대하기 가장 힘든 곳이 바로 자국군이라고 말할 것이다. 설사 그렇다 하더라도, 초국가적 군대가 결성될수록 그 결성 속도에 발맞춰 민족주의에 점차 면역력이 생길 것이다. 모집과 훈련을 통해 초국가적 군대를 이룸으로써 이 모든 과정이 원활하게 기능할 수 있다. 인력 교환 활동은 기습 위험을 더욱 감소시키고, 이 과

정으로 군사 자원의 국제화를 위한 심리적 토대가 마련될 것이다.

동시에, 최고의 군사 강대국들은 초국가적 안전 보장 기구와 중재 위원회를 설립하기 위한 초안을 마련하고, 중재 위원회의 의무, 권한, 제약에 대한 법적 근거와 약관을 명확하게 작성해야 한다. 이들은 이 조직체들의 설립과 유지를 위한 표결 조건도 추가로 결정할 수 있다.

이러한 사항에 합의가 이루어진다면, 전 세계적인 차원의 전쟁이 발발하지 않으리라 장담한다.

3. 앞서 언급된 단계가 선행됨으로써 조직체들은 제 기능을 시작할 수 있게 된다. 이로써 자국군은 해체되어 흔적도 없이 사라지거나 초국가적 당국의 최고 사령부 소속으로 편입될 것이다.

4. 군사적 중요도가 가장 높은 국가들의 협력이 확보가 된 후, 가능하다면, 전 세계의 모든 국가를 초국가적 조직의 일원으로 만들고자 부단히 노력해야 한다. 이 목표 성취의 전제 조건은 각국의 자발적인 참여이다.

앞서 서술된 개요가 현재 우세한 군사 강대국들에게 지나치게 지배적인 역할을 부여한다는 인상을 줄 수도 있다. 그러나 나는 이러한 과업의 본질에 내재된 문제보다는 훨씬 더 심각한 장애물들을 피하기 위하여, 신속한 현실화를 목표로 이 난제를 이해시키고 해결책을 제시하고자 노력하였다. 크고 작은 '모든' 국가들보다는 최고의 군사 강대국들끼리 사전 협약에 도달하는 편이 한결 수월하다. 모든 국가에서 선발된 대변자 조직은 워낙 서투른 매개체인지라, 사전 결과를 신속하게 도출하는 데에도 애를 먹을 것이 뻔하기 때문이다. 우리는 최고의 지혜와 관용을 요구하는 과제를 맡게 되었는데, 이를 완수하기 위해서는 우리가 직면한 고된 상황과 해결의 중요성을 먼저 통렬하게 인지해야만 한다.

15

생사가
걸린
문제다

by The Federation of American
(Atomic) Scientists

미국의 과학자들은 자신들이 이룩한 과학적 발전이 무엇을 초래하였는지 명료히 밝혀
야 할 책임을 통감하며 전쟁이 종식된 지금까지도 여전히 단결하고 있다. 10월, 원자 프로
젝트에 참여했던 과학자들이 힘을 합쳤고 12월, 미국 과학자 협회가 설립되어 모든 과학
자와 공학자에게 환영의 손길을 내밀었다. 그리고 협회의 회원들은 이 책에서처럼 전국
각지에서 해당 분야 전문가들 간의 과학적, 정치적 토론을 장려하고 있다.

이 책은 참으로 색다르다. 글쓴이가 여러 사람이다. 때때로 같은 이야
기가 반복되고 생각의 차이가 보이기는 하지만, 이는 과학자와 비과학
자 사이에, 이 나라와 다른 나라 사이에, 세상 어디에서나 의견 불일치
가 존재하는 것과 같은 이치라 할 수 있다. 심각하고 위험한 상황임에
도 불구하고, 이 중대한 문제를 해결할 만한 구체적인 방안의 기본 양
식이 아직까지도 잡히지 못하고 있다. 그 무엇보다, 원자 폭탄이 현실
이 된지 벌써 7개월이 흘렀음에도 여태껏 합의가 이뤄지지 못하고 있
다는 사실이야 말로 우리가 당면한 문제의 심각성을 명확하게 말해주

고 있다. 원자 무기 확장 경쟁은 우리의 불행이 무르익고 있다는 징조이다.

군비 경쟁은 반드시 중단되어야만 한다. 바로 이 경쟁을 막는 데에 일조할 목적으로 이 책이 출판되었다. 이 책은 현재 우리에게 가장 절실히 필요한 것, 즉 해결책을 콕 집어 제시하지는 못한다. 그러나 이 책은 일관성이 있게 쓰였으며 목표를 충실히 달성했다. 믿을 만한 권위자들이 한 자리에 모여 우리의 목전에 닥친 문제를 충분히 설명하였다. 각자만의 방식으로, 저자들이 문제의 본질을 인지하고 그에 따른 지표를 제시하였으니, 이제 해결책이 제시될 때마다 이것을 기준으로 삼아 평가하면 된다.

이것만으로도 절반은 성공한 격이다. 의견 불일치보다 무서운 것은 혼돈이고, 불완전성보다 무서운 것은 비관련성이다. 이 책은 핵 에너지가 초래한 문제를 다양한 측면에서 상술하고 있다. 그러나 각 저자의 글에서 다음과 같은 공통된 골자가 선명하게 드러나고 있다.

- 이 문제가 우리로 하여금 역사상 가장 심각한 위기에 직면하게 만들었다.
- 이 문제는 정치 영역으로 넘어갔고, 앞으로도 쭉 그곳에 남을 것이다. 과학으로는 이 위험을 제거할 방책을 고안해 낼 수 없다.
- 이 문제는 세계가 함께 당면한 일이다. 국가적 차원에서만 해결책

을 마련한들 소용이 없다.

우리, 미국 과학자 협회는 이 자리를 빌려 해결책 마련을 위한 요건을 논의하고 몇 가지 조치를 제시하기로 하였다. 그러나 아직 충분히 강조되지 않은 한 가지가 있는데, 먼저 그것부터 짚고 넘어가고자 한다.

원자 폭탄에 대한 대중의 공포심은 크고 이는 지극히 자연스러운 현상이지만, 핵 에너지 방출에 대한 인간의 공포심에 비해 희망이 훨씬 더 크다. 갈릴레오의 자랑스러운 전통을 이어받은 과학의 결실이자 뉴욕시와 핸포드 플루토늄 플랜트를 가능하게 해 준 복잡한 사회적 체계의 결과물로서, 핵 에너지가 대규모로 방출되었다. 지금으로서는 이 새로운 힘이 인간에게 의미하는 바가 어렴풋한 그림자 정도로밖에 포착되지 않는다. 그러나 과학자로서의 신념과 20세기 시민으로서의 경험을 바탕으로, 핵 에너지의 대규모 방출에 엄청난 의미가 함축되어 있음을 우리는 확신할 수 있다. 이것은 성장하고 발전할 것이다. 그리고 스스로 생명을 이끌어 갈 것이다. 우리 시대의 그 어떠한 것으로도 이를 막지 못할 것이다.

이 책은 우리가 현 상황에 발맞춰 태도를 바꾸지 않는다면, 이러한 생산과 성장을 양산시킨 우리 사회에 파멸만이 찾아오리라는 주장을 굉장히 설득력 있게 제기하고 있다. 흉포한 전쟁이 이미 갈가리 찢어놓은 세상에 핵 에너지마저 방출됨으로써, 우리는 사면초가에 빠졌다. 각국은 원자 에너지를 보유할 수 있게 되었고, 그보다 더 강력한 것도 가지게 될 가능성이 있다. 전쟁 발발 가능성이 존재하는 세상에서 원자 에너지의 사용은 안전할 수가 없다.

우리에게 반드시 필요한 변화로 안내해 줄 길이 있는데, 이는 꽤 독특한 해결책이라 할 수 있다. 이 해결책 마련을 위해 새로운 힘을 기르려면 국가들이 반드시 협력해야 한다. 반대의 길을 택한다면, 세계는 살아남을 수 없다. 이 새로운 에너지는, 뭐랄까, 공동의 적이라 할 수도 있지만, 우리는 이를 공동의 협력자로 만들기 위해 노력해야 한다. 가능하다. 우라늄의 속성이 얼마나 독특한지, 우라늄의 통제 및 개발 기술이 얼마나 참신한지, 다들 두 눈으로 똑똑히 목격했다. 세상을 분열시키는 낡은 민족주의적 갈등에서 벗어나야만, 갓 등장한 이 분야에서 나은 방향으로 나아갈 수 있다. 핵 에너지의 오용을 막기 위한 통제와 안전장치에 대한 논의가 개발 때와는 달리 지나치게 비공개적인 것도 모자라 활동에 진전이 없다. 개별 국가적 차원에서 마구잡이식 조치가 이뤄질 경우 통제가 불안정해질 수밖에 없지만, 개발이 국제적으로 계획된다면 단순하고 자연스러운 통제가 분명히 뒤따를 것이다. 더욱이, 이러한 협력이 성공한다면, 더 위대한 성공으로 이어질 수도 있다. 원자 에너지를 공동으로 소유하고, 원자 전쟁을 미연에 방지함으로써 우리는 전쟁의 종말을 맞이할 수 있다. 이것이야 말로 해결책의 씨앗이다.

이 해결책에는 어떠한 특징이 있을까? 아직은 그 특징을 서면으로 개괄적으로 설명하는 것이 불가능한 상황이니, 출처가 어디가 됐든 간에 제의된 프로그램의 진면목을 평가할 수 있는 몇 가지 시금석을 제시하겠다.

첫째, 우리나라, 미국에는 특수한 책임이 있다. 우리는 최초로 원자 폭탄을 사용했다. 이것을 제조한 국가는 우리나라밖에 없다. 오크리지 플랜트를 창조했을 뿐만 아니라 지도자들이 함께 선언을 하였으니, 우리는 핵 에너지 통제 조치를 고안하는 데에 주도적인 역할을 맡아 전념을 다해야 할 의무가 있다. 미국이 특수한 책임을 통감하지 않는다면, 즉 여느 나라들보다 반드시 더욱 큰 통찰력과 인내력을 발휘해야 한다는 원칙을 따르지 않는다면, 어떠한 계획도 타당하다고 평가할 수 없게 될 것이다. 원자 폭탄에 'Made in the U.S.A'라고 또렷하게 새겨져 있다는 사실을 명심해야 한다.

둘째, 1946년도는 유난히 중요한 해이다. 그리고 내년도 마찬가지이고, 아마 내후년 역시 중요한 해가 될 것이다. 해결책은 몇 달 만에 뚝딱 자라나는 것이 아니라, 먼저 씨앗이 심어져야 생겨나는 법이다. 그 시작점이 바로 지금이다. 이 진퇴양난에서 성공적으로 빠져나오기 위해서는 문제가 갓 생겨났을 때, 즉 핵 에너지와 원자 폭탄 개발이 이제 막 결실을 맺어 아직 생소하고 널리 퍼지지 않았을 때를 최적의 기회로 이용해야 한다. 만일 핵 에너지의 성장과 발전을 통제하지 않고 방치한다면, 우리는 진귀한 기회를 잃어버리는 셈이다. 즉각 실행에 옮길 수 있는 조치 방법이 담겨 있지 않은 제안은 문제의 본질을 제대로 인식하지 못하고 있다는 뜻이다. 우리에게는 시간이 얼마 없다.

셋째, 해결책이 단순히 형식에 그쳐선 안 되고, 새로운 권리와 법을 아울러야 한다. 그 구현 방법은 다음과 같다. 기관을 창설하고 비용을 들일 뿐만 아니라 성실하고 총명한 사람들을 고용해야 한다. 제안되고 있는 기관의 최종 형태를 묘사하기란 아직 불가능하지만, 반드시 시작이 있어야 한다. 그리고 초기 계획에는 시간이 갈수록 커지고 전개될 문제에 맞춰 해당기관이 함께 성장하고 발전할 수 있는 유연성이 제공되어야 한다. 그 무엇보다 중요한 것은, 틀에 박힌 방법을 벗어나고자 하는 노력이다. 기술과 조직 측면의 제안에는 융통성이 허용되어야 하며, 그 반대의 경우는 우리에게 전혀 도움이 되지 않는다. 주목할 만한 변화를 담지 못하고 인력을 필요로 하지 않는 제안은 성공할 수 없을 것이다. 또한, 향후 10년간의 문제를 부서별로 세세하게 구분하여 해결책을 제시하는 제안 또한 성공할 수 없다. 이 문제는, 현재 살아 있는 사람과 함께 하는 문제이고, 함께 진화하는 현상이다. 해결책을 전부다 문서화할 수는 없는 법이다.

문제 해결에 반드시 필요한 요소가 한 가지 더 있으나 그것은 이 책이 아닌, 바로 당신에게 있다. 미국 과학자 협회는 오랫동안 전념을 다하여 직접 창조한 원자 폭탄에서 희망과 위협을 동시에 본 사람들을 대변하는 단체이다. 수년 전 모든 것이 비밀리에 진행되고 있었을 때부터 이들은 실상을 알고, 목격하고, 연구하였다. 이제 실상이 만천하에 드러났다. 히로시마의 썩은 잔해들이 선명하게 보여주고 있다. 그리고 바로 여기, 당신의 두 손에 들린 이 책에도 고스란히 담겨 있다. 만일 이 실상이 당신에게 현실로 다가오지 않는다면, 만일 우리가 깨달은 바, 즉 우리 모두가 다 같이 나서서 행동으로 보여야 한다는 사실을 당신이 깨닫지 못한다면, 현재 당면한 이 문제를 해결할 길은 영영 나타나지 않을 것이다. 역사를 통틀어 오늘날의 미국인들보다 더 막중한 기회와 책임을 맡았던 민족은 없었다. 우리는 이 에너지를 올바르게 이용하는 방법을 반드시 습득해야 하는데, 이는 원자 전쟁이 발발한 후에는 호의와 지성을 베풀어 봤자 생존자들이 영구적인 평화를 얻을 수가 없기 때문이다. 그들은 아수라장이 된 돌무더기 도시에서 본인들만의 방법을 찾아야 할 것이다.

그렇다면 당신은 이제 어떻게 하면 좋을까?

우선, 이 책을 다 읽었으니, 벗과 함께 토론을 해 보자. 이 책을 계속 곁에 두자. 선출된 대표들뿐만 아니라 당신도 이 책에 서술된 진실과 제안을 이해하고 행동으로 보여야 훌륭한 결정이 나오기 마련이다.

생존을 위하여, 계속 습득하고 견문을 넓혀라. 과학자들과 국가 원자 정보 위원회National Committee on Atomic Information에 자료 제공과 보고서 발표를 요청하여 현재 상황을 파악하자.

상원 의원들과 하원 의원들에게 당신이 현재 사상 초유의 심각한 문제를 여실히 인지하고 있다는 사실을 알리자. 이 책에서 제시된 바와 같이, 새로운 사고의 틀 안에서 용기와 통찰력을 가지고 원자 폭탄 문제 해결에 반드시 필요한 현명한 결정을 내릴 것을 그들에게 촉구하자.

시간이 촉박하다. 생사가 걸린 문제다.

부록: 2007년판 서문

by Richard Rhodes

리처드 로즈는 미국의 저널리스트이자 역사학자이다. 방대한 사료와 증언을 바탕으로 쓴 『원자 폭탄 만들기_The Making of The Atomic Bomb』가 퓰리처상 논픽션 부문(1988년)을 수상하였고, 30만 부 이상 팔리며 전 세계적인 베스트셀러가 되었다.

강력한 촉구가 담긴 이 슬림한 책이 최초로 출판되고 몇 달 지난 1946년 6월 어느 날, 자본가이자 대통령의 고문인 버나드 바르쿠Bernard Baruch는 유엔 원자 에너지 위원회United Nations Atomic Energy Commission에서 미국 정부를 대표하여 연설하였다. "우리가 이 자리에 모인 목적은…" 바르쿠가 말문을 뗐다. "산 자와 죽은 자, 이 둘 중 하나를 선택하기 위함입니다. …우리는 세계 평화와 세계 멸망 중에 양자택일해야만 합니다." 바르쿠의 극명한 대립적 표현이 이 책의 제목 『One World or None』속 대립어를 그대로 상기시키는 것은 단순한 우연의 일치가 아니다. 바르쿠는 유엔에서 참고할 수 있도록 원자 에너지 국제 관리 계획을 세워 제출한 적이 있는데, 당시 이 책의 기고자인 물리학자 로버트 오펜하이머가 곁에서 그를 도왔으니, 바르쿠 또한 이 책을 읽었을 것이 분명하다. 그러나 당시 세상은 종말의 기운으로 가득했다. 많은 미국인들, 특히, 최초의 원자 폭탄 개발을 목전에서 경험한 사람들은 국제적 통제 외의 대안은 재정 낭비가 심각하고 위험천만한 핵무기 확장 경쟁을 유발할 것이며, 이는 핵전쟁과 문명의 파괴라는 결말로 이어질 것이 불 보듯 뻔하다고 확신했다.

이제는 명료하게 밝혀졌다시피, 군비 경쟁에 대한 그들의 견해는 옳았다. 1995년까지 미국은 5조 달러를 지출하였고, 소비에트 연방은 군비 경쟁으로 파산에 이르렀으며, 적대적이었던 양국이 핵전쟁의 코앞에 다다랐던 적이 한두 번이 아니었다. 이 불가피한 결과를 이 책의 기고자들이 옳게 판단하였는지 여부는 시간 척도에 따라 다르다. 1945년 8월 이후로는 전투에서 핵무기가 사용된 적이 단 한 번도 없지만, 해당 기술 자체나 현재의 조직화된 국제 정치 체제 내 그 어디에서도 그러한 사용을 배제하지는 않고 있다. 축소는 칭찬 받아 마땅하지만, 이 세계를 화염, 방사선, 핵겨울로 황폐화시킬 수 있을 만큼의 무기들은 여전히 국가 무기고에 버젓이 비축되고 있고 바르쿠가 단도직입으로 언급한 선택을 우리는 아직도 직시하지 않고 있다는 것이 문제이다.

1980년대 초반, 나는 역사서 『원자 폭탄 만들기The Making of the Atomic Bomb』를 집필하기에 앞서 준비 작업을 하던 동안에 『One World or None』을 처음 읽었다. 이 책을 통해 지식을 습득하긴 했지만, 당시 기량이 부족하고 순진했던 나는 예견되었던 종말을 핵 억제 덕에 피했다고 믿었던 탓에 애석하게도 이 책의 진면모를 제대로 들여다보지 못했다. 그뿐만 아니라, 국가들이 (핵무기와) 자주권을 세계 정부에 넘긴다는 것을 상상할 수도 없었던 것도 한 몫을 했다. 원자 개발 기관의 형태를 띤 비계층적 관리 체계, 즉 세계적 규모의 TVATennessee Valley Authority(테네시강 유역 개발 공사)를 제안했던 바르쿠 플랜Baruch Plan—엄밀히 따지자면, 기획자의 이름을 제대로 붙여, 애치슨-릴리엔솔 플랜Acheson-Lilienthal Plan이라고 불려야 마땅한 바로 그 계획—이 훨씬 더 타당하게 여겨졌고, 이 생각은 지금도 변함이 없다. 애치슨-릴리엔솔 협의에 관하여 정치학자 다니엘 듀드니^{Daniel Deudney}는 다음과 같은 글을 남겼다. "이로써 영토 국가 체계가 바뀌는 것이 아니라 핵 봉쇄와 억제 체계로 보완될 것이다. ……핵보유 능력은 국가 관리에서 분리되어 결국은 무력화될 것이다."*

초기에 무지했던 채로 독서에 임하였던 탓에 나는 이 책 속에 담겨있던 비범한 통찰력을 간과했었다. 투박한 수제 폭탄 단 세 개(트리니티 가젯, 리틀보이, 팻맨)가 폭발하였고, 전쟁으로 독일과 일본은 쑥대밭이 되었으며 소비에트 연방은 반쯤 폐허가 된 상태였다. 그리고 핵을 독점한 미국은 그로부터 향후 3년 동안은 같은 지위를 유지할 운명을 지니고 있었다. 미국 정부와 군에 몸담은 상당수의 시야에 원자 폭탄은 유럽 내 지상 병력에서 여전히 우위를 점하고 있었던 소비에트 연방의 영향력을 상쇄시킬 수 있는 유일한 무기, 협상에 도움이 되는 수단으로 내비쳐졌다. 바로 이러한 까닭으로, 트루먼 대통령은 군의 예산을 대폭 삭감하기까지 했다.

그러나 과학자들, 이 세상에서 그 누구보다 독보적으로 이 신기술 지식을 두루 갖췄던 사람들이 단결하였고, 원자 폭탄은 유일무이한 파괴력을 가지고 있다, 이러한 폭탄이 "일본에서와 같이 한두 개 투하로 그치는 일은 절대 없을 것"이다, 다음번에는 "수백 개, 아니, 수천 개가 떨어질 것"이다, 이에 대항할 수 있는 방어 방법은 없다, 러시아는 늦어도 최대 5년 혹은 6년 안에―이 부분은 화학자 어빙 랭뮤어의 예측이

---

* 2007년 프린스턴대학교 출판부(뉴저지 프린스턴)에서 발간한, 다니엘 H. 듀드니(Daniel H. Deudney)의 저서 《바운딩 파워: 공화국의 안보 이론, 폴리스에서 지구촌에 이르기까지_Bounding Power: Republican Security Theory from the Polis to the Global Village》 259쪽을 참고하라.

정확히 맞아떨어져 3년 만에 성공하였음—해당 폭탄을 보유하게 될 것이다, "자연 조건 덕에 방어 효과를 톡톡히 보고 있었던 이 세상 모든 나라들은 [이미] 천혜의 요새를 잃은 셈이다", 그리고 지난 세계 대전에서 연합국들이 성공적으로 이행하였던 집단 안전 보장은 더 이상 효과를 발휘할 수 없다는 내용 등을 이 책에서 말하고 있다.

그들이 내린 결론 중 일부는 예언적인 성격을 명확히 띠고 있다. 로널드 레이건^{Ronald Reagan}이 전략 방위 구상^{Strategic Defense Initiative}, 즉 그의 표현을 빌리자면, "미사일에 뚫리지 않는 방패, 비가 내리는 날 지붕이 가족을 보호하듯이 핵미사일로부터 우리를 지켜 주는 방패"*를 상상해내기 한참 전, 일찌감치 루이스 리데노어와 해럴드 유리는 그러한 상상은 물리학적으로 불가능한 일이라고 일축하였다. 리데노어의 계산은 바로 다음과 같다. "숙련된 방어자가 적극적으로 방어할 경우 기대할 수 있는 최대 효과는 대략 90퍼센트 정도에 달한다. ……[그러나] 방어를 뚫고 들어오는 미사일은 10퍼센트만 파괴력을 발휘해도 표적을 초토화시킬 수 있을 정도로 막강하다. ……방어는 불가능하다." 핵융합 반응을 발견하여 단순히 도시 차원이 아니라 전체 지역을 파멸시킬 수 있는 위력의 메가톤급 수소 폭탄 제조에 지대한 영향을 미친 유리는 리데노어보다 더더욱 강력하게 표현하였다. "미래의 어느 시점에 원자 폭탄을 막을 수 있는 아주 효율적인 방어 수단이 발명된다고 쳤을 때, 원자 폭탄을 막을 수 있는 방어 수단이 존재한다는 이유만으로 미국과 같은 나라가 해당 폭탄을 더 이상은 군사적 목적에 쓰기 적합하지 않다고 판단하고 제조를 중단하기로 결정하리라고 생각할 사람이 과연 우리

---

* 로널드 레이건, 1986년 6월 19일 뉴저지 글래스보로(Glassboro)에서 개최된 고등학교 졸업식 연설 중에서.

중 몇 명이나 있겠는가? 난 절대 그럴 일이 없으리라고 생각한다."

유리는 미국이 패권을 유지시키기 위해 내세울 예방 전쟁 정책의 결과 또한 예견하였는데, 그는 여기에서 그치지 않고 심지어 의지 연합coalition of the willing까지도 내다보았다. 그는 "미국은 최대한 많은 나라들과 동맹을 맺고, 그들을 이끌어 나머지를 정복하려 할지 모른다"라는 말과 함께 다음과 같이 썼다. "목적을 달성하고자 하는 의지가 있고 궁극적으로 성공한다는 가정 하에, 이 국가는 지구상에서 가장 미움받는 나라로 등극할 것이고, 증오는 한 세기, 아니 아마도 그 이상 지속될 것이다."

이 책이 발간되고 오랜 세월이 흐른 후 9/11테러가 발발하였는데, 그 옛날 로스앨러모스Los Alamos의 부국장associate director이었던 에드워드 콘던은 원자 폭탄을 입수하거나 제조한 뒤 공포를 조성할 목적으로 무기를 활용하려는 테러리스트(그는 이들을 일컬어 '파괴 공작원saboteurs'이라고 칭함)의 등장 가능성을 이 책에서 일찌감치 예상하였다. "서류 수납장이 구비된 방이라면 어디든, 대도시라면 어느 구역이든, 주요 건물 또는 시설 근처는 어디든, 결의에 찬 인물이 십만 명을 살해할 수 있는 폭탄을 은밀히 숨겨두어 1마일 이내에 있는 모든 일반 구조물들을 싹 쓸어버릴 수 있단 사실을 염두에 두고 있어야만 한다. 그리고 우연히 발에 차여서 발견되지 않는 한, 극도로 세심하게 사찰을 하는 과정에서 직접 손에 닿지 않는 한, 우리는 이 폭탄을 결코 탐지할 수 없다." 종전 직후, 상원의 공청회에서 어딘가에 숨겨져 있을 무기를 탐지할 수 있는 과학적 도구가 존재하느냐는 질문에 로버트 오펜하이머 또한 콘던이 지적한 바와 같은 결론을 내보였다. "아무렴요." 빈정대는 어투로 오펜하이머는 다음과 같이 대답했다. "그런 도구야 당연히 있습죠. 바로 스크루드라이버인데, 조사관이 그걸 이용해서 지극적성을 다하여 폭탄이 발견될 때까지 상자 하나하나를 차례대로 열면 된답니다." 콘던은 애국자법$^{Patriot Act}$과 국토 안보부$^{Department of Homeland Security}$를 예견하며, 다음과 같이 느낌표를 넣어 강력히 말했다. "전쟁이 아직 사라지지 않은 세상에 살고 있으니, 이런 엄연한 사실에서 비롯될 경찰국가를 상상해 보라!"

과학자들의 눈에는 극명하게 보였던 핵무기 시대의 급격한 도래가 왜 정치인과 군 지휘관에게는 보이지 않았던 것일까? 이에 대한 대답은 놀라우리만치 단순하다. 과학자들은 계산을 하였기 때문이다. 핵 에너지가 막대한 변화를 의미한다는 사실을 인식한 과학자들과 달리, 정치인과 군 지휘관은 이를 제대로 이해하지 못했다. 일찍이 1939년도에 리제 마이트너$^{Lise Meitner}$와 오토 프리슈$^{Otto Frisch}$는 '핵분열^{fission}'이라는 신조어를 만들었고, 우라늄 원자가 분열할 때마다 방출되는 에너지가 대략 2억 전자볼트라고 발표하였다. 이에 반해, 일반 화학적 연소로는 원자당 대략 1전자볼트밖에 나오지 않는다. 물리학자들은 2억 대 1이라는 이 방대한 규모 차이를 통해, 한 손에 쥐어지는 물질이라도 도시 전체를 일진광풍과 화염으로 전멸시킬 수 있는 폭탄으로 변할 수 있단 사실을 깨달았다. 이 파괴력은 1943년도까지만 해도 재래식 고성능 폭약과 소이탄을 탑재한, 연합국의 중폭격기 1천 대로 간신히 야기할 수 있는 파괴 규모였다.

이로써 원자 폭탄 몇 백 개를 보유하기만 해도 한 나라를 철저히 폐허로 만들 수 있게 되었다. 그렇다고 원자 폭탄을 제조하는 것이 굉장히 어려운 일도 아니다. 핵무기 연료로 필수적인 핵분열성 물질—플루토늄 대략 6킬로그램 또는 고농축 우라늄 대략 25킬로그램—소량을 생산하는 기술이 발달하고 보급됨으로써, 약소국이 강대국과 강대국의 동맹국을 완전히 무너뜨리지는 못하더라도 정치적, 경제적 안정을 위협할 수 있는 힘을 보유할 수 있게 되었다. 더욱이—아마도 더욱 중요한 점이 아닐까 싶은데—이러한 무기를 최소한으로 보유하는 것만으로 약소국마저도 무적이 될 수 있다.

전 세계 어디에서든 실력이 있는 물리학자라면 핵분열이 발견되고 한 해가 지나기도 전에 이 간단한 물리적 사실을 통해 핵무기의 복잡한 미래를 예상할 수 있었을 것이다. 이 책에 담긴 주장—간청—은 바로 그 예상에서 비롯되었다. 기고자들이 핵 안보를 세계 정부와 결부시키는 데에 있어 큰 견해 차이를 보이고는 있지만, 적어도 콘던의 말마따나 "원자 무기를 보유한 세상에서 군비 확장을 통해 국가 안전 보장"을 추구한 대안이 "다른 국가들에게도 야망과 의혹을 불어넣는" 그릇된 길이라는 점만큼은 다 같이 인식하고 있다. 핵무장을 통한 국가 안보의 길은 무시무시한 벼랑 끝으로 이어졌고, 현재 이 세계에서 핵을 보유한 국가가 여덟 개국인 것도 모자라 두 개국이 추가로 알을 깨고 나오고 있는 실정이다.

우리가 파멸에 이르게 될지, 아니면, 안전지대로 물러나게 될지 여부는 이 책이 처음으로 출간된 1946년도에 촉구되었던 것과 마찬가지로 공개 토론과 공개 조치, 그리고 대중과 정치 지도자들 간의 교류에 달려 있다. 알베르트 아인슈타인은 이 책에서 아주 단도직입으로 "현재 당면한 상황에서 벗어나기 위한 다른 방법, 즉 대가를 최대한 덜 치르는 방법이 없다는 것이 모두에게 자명해 질 때, 우리는 이 문제를 해결할 수 있다"라고 썼는데 이 말이 맞는다면, 우리는 오랜 세월 동안 대가를 치러 왔으니 현재는 해결책에 조금 더 가까이 다가가 있어야 정상이다. 다행히 그 일은 실제로 이뤄졌다. 대표 사례로 핵 확산을 제한하는 핵 확산 금지 조약^{Nuclear Non-Proliferation Treaty}이 있다. 조지 W. 부시^{George W. Bush} 행정부는 이 조약을 탐탁지 않게 여기고, 탄도탄 요격 미사일 조약을 파기하였으며 NPT를 도외시하고 있지만, 그래도 NPT는 다시 활기를 되찾을 수 있을 것이다. 초강대국들의 무기고는 두드러질 정도로 감축되었고 더 이상은 서로를 대놓고 위협하지 않는다. 그러나 이와 동시에 최고 수준의 보안 범주에서 벗어난 핵 물질들, 그리고 잃을 것이 전무한 단체들이 새로운 범주의 위기를 열고 있다. 1946년도에 제시된 근본적인 문제는 일절 변하지 않은 채 물리적 현실로 단단히 박혀 버렸다. 과연 어떻게 해야 세계 핵 억제를 위한 포괄적이고 세계적인 시스템을 구축할 수 있을까. 신판으로 다시 발간된 이 책은 정보와 지혜, 그리고 본질적으로 희망을 담고 있으며 독자에게 많은 생각거리를 제시한다.

하나의 세계, 아니면 멸망

초 판 발 행   2023년 8월 6일
2 쇄 발 행   2023년 9월 14일

지 은 이   아인슈타인, 오펜하이머 외 15명
옮 긴 이   박유진
펴 낸 이   이송준
펴 낸 곳   인간희극
등   록   2005년 1월 11일 제319-2005-2호
주   소   서울특별시 동작구 사당동 1028-22
전   화   02-599-0229
팩   스   0505-599-0230
이 메 일   humancomedy@paran.com

ISBN 978-89-93784-77-0 03550